现代交通运输管理研究书系

认识飞机

An Introduction to Airplanes

魏鹏程　何法江⊙著

U0241874

北京·旅游教育出版社

策　　划：李红丽
责任编辑：贾东丽
图片提供：全景视觉

图书在版编目（CIP）数据

认识飞机 / 魏鹏程，何法江著. -- 北京 ：旅游教
育出版社，2018.11（2023.7重印）
　（现代交通运输管理研究书系）
　ISBN 978-7-5637-3858-8

　Ⅰ．①认… Ⅱ．①魏… ②何… Ⅲ．①飞机－基本知
识 Ⅳ．①V271

中国版本图书馆CIP数据核字（2018）第261901号

现代交通运输管理研究书系
认识飞机
魏鹏程　何法江　著

出版单位	旅游教育出版社
地　　址	北京市朝阳区定福庄南里 1 号
邮　　编	100024
发行电话	（010）65778403　65728372　65767462（传真）
本社网址	www.tepcb.com
E - mail	tepfx@163.com
排版单位	北京旅教文化传播有限公司
印刷单位	唐山玺诚印务有限公司
经销单位	新华书店
开　　本	710毫米×1000毫米　1/16
印　　张	10
字　　数	108 千字
版　　次	2018 年 11 月第 1 版
印　　次	2023 年 7 月第 2 次印刷
定　　价	39.00 元

（图书如有装订差错请与发行部联系）

前　言

当前中国的航空业正以前所未有的速度发展，国产大飞机 C919 的下线、隐身战机歼 20 的列装、大型运输机"鲲鹏"的服役，每一个消息都让国人振奋。与此同时，随着人们生活水平的提高，普通大众坐飞机旅行已不再是不可承受之重，越来越多的人登上了波音、空客、CRJ 和 EMB 等喷气式客机。精彩纷呈的航展在各地纷纷上演，无数的观众趋之若鹜，飞机和飞行的魅力让人无法抵挡。

笔者顺潮流而动，为普及航空知识，著作此书。本书分为五章，以浅显易懂的语言讲解了飞机的相关知识。

第一章"初识飞机——飞机基本常识"，带领读者思考了有关飞机的几个基本问题：何谓飞机、飞机由谁首创、飞机升空的秘密、澎湃动力如何产生。

第二章"走近飞机——飞机基本构造"，首先带领读者虚拟漫游了飞机内部，从机头雷达罩进入，穿过驾驶舱到达客舱，接着转入下层货舱，最后止步于机头下方的电子设备舱；接着对飞机的翅膀——机翼和尾翼进行了讲解，然后对飞机的腿脚——起落架进行了分类和讲解；最后进入飞机的心脏——发动机，认识形形色色的发动机，了解动力之源的傲人威力。

讲解清楚飞机的基本构造后，第三章"林林总总——飞机分类"对当今世界大小不一、功能各异的飞机进行分类，并梳理出每一类之中的飞机之最。

分类之后，本书进入鉴别模块，第四章"识别飞机——世界主流及经典民机鉴别"带领读者快速识别当今世界主流民航客机——波音和空客全系列，以及其他经典民航客机机型，如螺旋桨系列、超音速系列、俄制民机系列和三发系列等。

最后，第五章"大片配角——银幕上的飞机"带领读者进入另一个奇妙之旅：影视中的著名飞机，在银幕上，飞机更有一番别样的魅力。该部分向读者介绍了四部以飞机为题材的电影，带领读者欣赏好莱坞大片中俊美绝伦的 F-14 雄猫、威武霸气的"空军一号"以及史无前例的巨无霸飞机——安 225 和 H-4 大力神。

为增强可读性，本书选配了 180 幅图片，以最大限度地展现飞机的魅力。大部分图片来源于北京全景视觉网络公司，部分图片由金鹏航空公司飞机维修工程师马宇兴提供，在此深表谢意。

本著作受上海工程技术大学学术著作出版专项资助，在此表示感谢。

笔者才疏学浅，书中错误在所难免，还望广大读者和同行不吝指正。

著者

2018 年 9 月

目　录

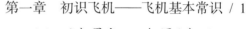

扫码看彩图

第一章

初识飞机——飞机基本常识

改革开放初期，整个中国民航只有一两百架飞机，对于多数人来说，飞机是一个非常神奇的事物，坐飞机出行更是遥不可及的梦想。一晃 30 多年过去了，飞机早已不是什么神秘的事物，飞行更不再是遥不可及的梦想，很多人长途旅行的首选就是坐飞机。这几年中国航空工业呈井喷式发展，随着隐身战机歼 20、歼 31 以及大飞机 C919 和运 20 横空出世，越来越多的人想了解飞机、认识飞机。两年一度的珠海航展吸引了几十万国人前去参观，这说明大家对于飞机的热情越来越高涨，为使大家更好地认识飞机，本书应运而生。

1.1 飞机界定——何谓飞机

什么是飞机？有人认为这个问题太幼稚，什么叫飞机谁不知道？飞机，顾名思义，肯定就是可以飞的机器了。那么请看下面这两幅图片，它们都是飞机吗？事实上，这两张图片中的飞行器只有一架是真正意义上的飞机。

图 1-1 V-22 鱼鹰

图 1-2 波音 747 背负航天飞机

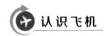

一架飞行器要成为飞机必须要具备四个基本要素：第一，它一定要有动力装置，也就是说要有发动机。这个发动机可以产生前进的拉力或者是推力。第二，它一定要有固定机翼。它的机翼不能像鸟儿翅膀一样上下扑扇，也不能像直升机旋翼一样旋转，必须是固定不动的。第三，它必须是在大气层中飞行，不能飞到太空去。第四，它是重于空气的。即它的密度要比空气大。请看以下四幅图片。

图 1-3　滑翔机

图 1-4　航天飞机

图 1-5　airlander 10

图 1-6　AH-64D 长弓阿帕奇

图 1-3 中的飞行器酷似飞机，但我们既看不到进气道也看不见尾喷口。飞行器也没有螺旋桨，这意味着它没有动力装置。这实际上是一架滑翔机。

图 1-4 中的飞行器有推力非常强大的火箭发动机，也有固定机翼。但是，这种飞行器绝大多数时间不在大气层内飞行，而是在太空之中飞行。所以它也不是飞机。

图 1-5 中的飞行器甚是滑稽，被称作"飞行屁股"。它是西方国家研制的一种大型的飞艇。众所周知，飞艇的密度是小于空气的，所以它也不是飞机。

图 1-6 中的飞行器有旋翼，而无固定机翼，也不是飞机。

出人意料，这四幅图片中的飞行器都不是飞机。第一幅图片中的飞行器叫滑翔机，第二幅图片中是航天飞机，第三幅图片中是飞艇，第四幅图片中是直升机。有人说航天飞机本身带飞机字眼，怎么还不是飞机？事实上航天飞机是中国人对它的称呼，它的英文是 Space Shuttle，跟飞机 Aeroplane 没有关系。

下面这四幅图片中的飞行器才是货真价实的飞机。

图 1-7　别 -200

图 1-8　塞斯纳 172

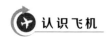

图 1-9　波音 747-8I

图 1-10　B-2 幽灵

图 1-7 是俄罗斯著名的水上飞机别 -200，它有发动机，有固定机翼，重于空气，然后在大气层中飞行。图 1-8 是世界上最为经典的私人飞机塞斯纳172，它有螺旋桨发动机，有固定机翼，重于空气且在大气层中飞行。图 1-9 是著名的巨无霸波音 747，毫无疑问，它是飞机。最后一幅图片充满科幻感，这是美国航空工业的集大成者：B-2 幽灵隐身轰炸机，它有固定机翼，虽然翼身融合；有动力装置，机背上可以看到进气口；在大气层中飞行；由金属制造，当然重于空气，它是飞机无疑。

1.2　致敬先驱——飞机的发明者

世界上第一架飞机是谁发明的？

飞机是个好东西，是 20 世纪最重大的发明之一。飞机的问世真正地把地球变成了一个地球村，从地球的这一面飞到另一面，只需要十几个小时。

如果没有飞机，坐船，可能需要数月或者几十天。所以说飞机确实是重大发明。那么，好东西、重大发明，大家都想抢。

比如说，俄罗斯、法国、英国、巴西都说飞机是他们发明的，都宣称他们制造了世界上第一架飞机。一直到今天，巴西仍然坚信巴西人杜蒙特是飞机的发明者。2016 年里约奥运会开幕式上，杜蒙特的飞机从会场上空掠过。

图 1-11　杜蒙特

图 1-12　杜蒙特的 14bis 飞机

巴西人认为那就是世界上第一
架飞机，但是让巴西人无奈的是，
目前业界公认的飞机发明者是兄弟
两个：Wright brothers，即莱特兄
弟。他们是美国人，所以，是美国
人发明了世界上第一架飞机，即
"飞行者 1 号"。

图 1-13　莱特兄弟

图 1-14　飞行者 1 号

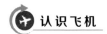

以现在的眼光来看"飞行者1号",人们会感觉不可思议:这是飞机吗?驾驶舱在哪里?空乘在哪里?谁给我端茶倒水?这些问题很有趣,但是它们不是成为飞机的必要条件。飞机的必要条件是要有动力装置和固定翼,在大气层飞行且重于空气。"飞行者1号"有螺旋桨发动机,有双固定翼,重于空气,在大气层中飞行,是飞机无疑。

第一位中国飞机设计师是谁?好像没有争议,那就是旅美华人冯如。

冯如是广东恩平人。1909年9月21日,冯如研制的"冯如1号"试飞成功。后来冯如继续改造自己的飞机,创造了很多世界飞行纪录。由此可知,我们中国第一架飞机是1909年制造成功的,而世界上第一架飞机出现于1903年,这说明什么?

这说明中国航空工业的起点并不晚,但是我们现在的航空业怎么样?应该说并不是十分发达。天空中飞行的几千架喷气式客机,不是波音就是空客。波音是美国的,空客是欧洲的。我们的战机,比如说苏27、苏30和最新引进的苏35,都是俄罗斯的。国产飞机比重太少。但是我们欣喜地看到,这些年中国的航空工业开始发力,歼20、歼31横空出世,大型客机C919也开始试飞。可以预测,在不久的将来,祖国的天空完全可以由国产战机来捍卫,而老百姓坐飞机,除了波音、空客,会多一个选择:国产的大客机!

图1-15 苏35"超级侧卫"战斗机

图 1-16 沈飞歼 31 战斗机

1.3 严酷冷峻——飞机的飞行环境

所谓飞行环境，是指飞机的飞行高度，以及这个高度上大气的压力如何，气温如何等。

古人云：天有九重。伟大的爱国诗人屈原甚至写过一篇《天问》。天真的有九重吗？

科学家发现，天没有九重，却有五重。什么叫五重天？它实际上指的是大气层。大气不是一个均匀的介质，它有五层，每一层的特点、性质都不一样，从下往上分别是对流层、平流层、中间层、热层以及散逸层。

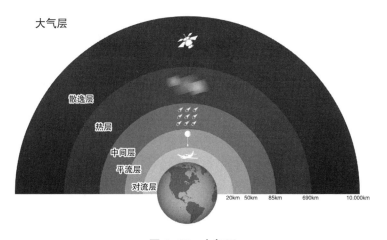

图 1-17 大气层

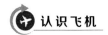

对流层是最接近地球表面的一层大气。对流层有三个特点。

第一，空气密度特别大，因为受地心引力的影响，大气会聚集在离地球表面最近的这一层，即对流层。

第二，水汽含量特别高。因为海洋湖泊中的水蒸发之后首先进入对流层，所以这一层水汽含量很高。

第三，气温垂直递减。这一层，高度每上升 100 米，温度平均下降 0.65℃。对流层顶气温甚至可达 –80℃。

这些特点对飞机意味着什么？空气密度大说明飞机在这层飞行遭遇的阻力会非常大；水汽含量高意味着雨雪冰雹等灾害天气较多，会对飞行带来威胁。所以对于飞机来说，它并不喜欢在对流层里面飞。喷气式客机，起飞之后要尽快脱离对流层，到达上一层：平流层。

平流层的起始高度大约是一万米。这一层空气稀薄，飞行阻力小。而且，平流层水汽极少，较少有天气现象，永远晴空丽日，对于飞行的威胁较小。另外，这一层由于没有雨雪天气以及来自地面的尘埃和扬沙等污染物，能见度极好，适合飞行。最后，平流层，顾名思义，空气在这一层水平流动，所以飞机在这一层飞行要么遭遇顺风，要么遭遇逆风。顺风对飞机来说，当然是好事情，它会加快地速，让飞机更快地到达目的地机场。逆风并不会导致飞机颠簸，只是会减小它的地速，让我们到达目的地的时间延长一些。这就是为什么上海往返成都，路程一样，时间会相差近一个小时。

由此可见，平流层是飞行的理想环境。所以现代喷气式飞机巡航高度一般都在平流层底部，即一万米左右。为什么不继续往上爬？因为平流层中上部存在臭氧层，而臭氧进入客舱会对乘客的呼吸道造成损害。

有没有敞篷飞机？或者说有没有可能设计出这种飞机来，让乘客在平流层捕捉彩云，或者用手摸一摸外面的空气？这是绝对不可能的事情，因为对于拥有血肉之躯的人类来说，平流层是一个冷峻的环境，温度在 –50℃左右，什么样的人能承受这么低的温度？

更为严酷的是，平流层底部气压极低，大约为 0.2 个大气压，含氧量也极低，人类无法正常呼吸。

乘客在万米高空的飞机客舱里享受舒适的温度和气压，多数人哪里知道几厘米厚的机身外界是一个致命的世界。

平流层最适合飞行，但并非所有的飞机都在这一层飞行。正如宝马虽好，很多人依然只能骑电瓶车。能够进入平流层的是喷气式客机，而多数螺旋桨飞机由于动力装置的局限性，是没有能力爬升到平流层去的，而只能在对流层飞行，比如通用飞机 DA20 和国产支线客机新舟 60。

图 1-18 新舟 60

1.4 腾空而起——飞机升空的秘密

大型飞机重达几百吨，比如说巨无霸空客 380，最大起飞重量达到 560 吨，这么重的庞然大物，它怎么可能在天空翱翔？也就是说飞机是如何飞起来的？

要解答这个问题，需要了解升力的产生。要了解升力的产生，就要了解流体。流体有什么特点？

很多人应该有这样的经历，从外面走进地铁入口时，发现风会变大。如果有乘船的经验，就会发现，河流从宽阔的江面流向狭窄的峡谷时，水流会变湍急。

图 1-19　地铁口

在台湾有一个著名的说法叫新竹风宜兰雨。什么意思？台湾地区的宜兰常年多雨，而新竹常年多风。新竹的西北侧靠近台湾海峡，这个地方是平原，渐渐地往东南方向去，平原收窄了，因为它进入山区了。风从台湾海峡来时，从宽阔的平原进入收窄的平原，最后进入山谷，风会越来越大。

以上三个例子给大家一个直观的印象：流体（空气也是一种流体）从宽阔的地方流向狭窄的地方时会加速。流体加速会造成什么后果？

我们从小就被告知不要靠近高速行驶的火车。原因是列车带来的高速气流形成低压区，而低压区会对周围空气以及物体产生吸入作用。渝怀铁路在 2006 年通车的头一周内，仅在重庆市渝北区的鱼嘴隧道口，几乎每天都有一个等候过路的行人，因受卷吸被列车撞击而亡。

由此可见，流体加速，压力降低。而这恰恰可以解释飞机腾空而起的秘密。

飞机要升空必须要产生一个克服重力的力，即升力。升力由机翼产生。

当飞机在地面高速滑跑的时候，相对气流从机翼上下表面经过。但是由于翼形的关系，上表面相对下表面凸起，相当于上表面空间被压缩，上表面气流要加速，于是机翼上表面压力降低。上下表面的压力差即为升力，如图 1-20 所示。

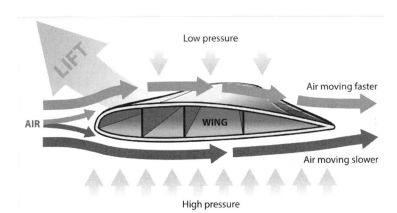

图 1-20　升力的产生

升力跟什么有关系？大家看一下升力公式：$Y=C1/2\rho V^2 S$。

升力跟 V^2 即速度的平方成正比。飞机起飞前，首先要在跑道上狂奔，目的就是要提高速度以产生越来越大的升力，最终克服重力。大家可能想象不到，喷气式客机最终离地的速度可达到 300 千米每小时，超越了绝大多数陆地交通工具，所以飞机在天空中是王，在地面上速度也飞快。

此外，升力跟空气密度 ρ 成正比。空气密度越小，升力就越小，所以飞机在空气稀薄的青藏高原机场起飞会非常吃力。为解决这个问题只能加大滑跑速度，而增加速度需要足够长的跑道，所以高原机场飞机不大，跑道不短。西藏昌都邦达机场跑道长达 5500 米，居世界之冠。

升力还跟机翼面积 S 成正比。机翼面积越大，升力就越大。机翼面积太小的话，会带来麻烦。

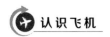

F-104 是世界上首款两马赫战机，外形很漂亮。飞机设计界讲：It is good if it looks good。但 F-104 绝对是个例外。该机机翼面积才 18 平方米，翼展仅 6.68 米，飞行员在座舱中甚至看不到自己的机翼（很像一枚导弹），这种设计使得飞机升力非常有限，遇到发动机故障，根本无法像普通飞机一样进行滑翔飞行，难以进行空中自救动作，只能像秤砣一样直坠地面！该机在服役期内坠毁四百余架，上百名飞行员遇难，是令人闻风丧胆的"飞行棺材"。

升力还跟 C 升力系数成正比。

升力系数跟翼形有关系。翼形就是机翼的剖面形状。同一架飞机，翼形一般是固定的，但并非不可改变。

2004 年东航一架 CRJ-200 从包头机场起飞，起飞后不久，飞机机头急剧上扬，接下来像石头一样坠毁在机场附近的湖里，机上所有乘员全部遇难。事后调查认为是飞机起飞之前忘记除冰。而机翼积冰必然会造成翼形改变，可怕的是这种改变是改坏而不是改好。它极大地降低了升力系数，继而降低了升力，最终导致升力低于重力，于是飞机从天而降！

升力还跟迎角有关。

翼形的前缘点与后缘点的连线成为翼弦。翼弦跟相对气流也就是飞机的飞行速度之间的夹角叫迎角。而迎角可以改变。

迎角增大，升力系数会增大，升力也会增大。但当迎角增大到一定程度时，升力会突然降低，而阻力会突然增大，飞机会掉落下来，这种可怕的现象就叫失速。为什么会失速？实验发现，当迎角增大时，机翼上表面的气流，慢慢地就发生了气流分离，出现了涡流，如图 1-21 所示。随着迎

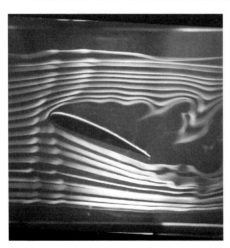

图 1-21　涡流

角继续增大，涡流会不断增大，涡流增大的后果就是升力降低，阻力增长。

图1-22　飞机失速坠落

当失速刚刚出现时，这个迎角叫临界迎角，飞机不能以超过临界迎角的速度飞行，不然就会失速，飞机会坠落。

1.5　澎湃咆哮——飞机推力的产生

现代喷气式飞机轻的可能有几吨，重的可能有几百吨。这么大的庞然大物，要推动它高速飞行必然需要强大的动力，这就是推力。

推力由发动机产生，而发动机是如何产生推力的？你肯定玩过气球。如果气球里的空气被释放掉的话，它会高速飞走。原因是释放的空气作用于后方空气，后方空气给它一个反作用力，这便是气球飞走的动力。

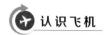

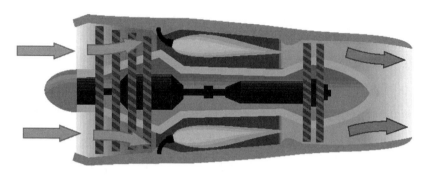

图 1-23　涡喷发动机

　　用牛顿第三运动定律能很好地说明推力的产生。如图 1-23 所示，空气从涡喷发动机进气道进入压气机，经过压缩进入燃烧室与燃油混合燃烧，高温燃气冲击涡轮后从尾喷管喷出，产生反作用推力。

　　但是涡喷发动机的致命缺陷是耗油严重。另外它产生的噪声非常大，惊天动地如雷鸣。为了解决这两个问题，工程师在进气道前面加装一个大风扇，让来流分成两股，一股进入核心机参与燃烧，叫内涵道气流，另一股直接从风扇出去，叫外涵道气流。这就是涡扇发动机。外内涵道气流流量之比就是涵道比。高涵道比涡扇发动机油耗明显降低，因为多数空气从外涵道排出，不参与燃烧。另外，由于外涵道气流流速较慢，且是低温，与内涵道排出的高温燃气混合后，降低了排气平均流速与温度，较低的流速带来了较高的推进效率和较低的噪声，因此高涵道比的涡扇发动机是现代民航客机的标配。

　　下面看两个吉尼斯世界纪录。

　　当前推力最大的民用发动机，是安装在波音 777-300ER 上的 GE90-115B，如图 1-25 所示。它在地面台架试验中产生过 57 吨的推力！如此强劲的动力足以将世界上最大的双发客机送上云霄。其他数据也逆天，如每秒钟空气流量超过 1000 千克！进气口直径为 3.43 米，这比波音 737 飞机机身的直径都大！

图 1-24 波音 777-300ER

图 1-25 GE90-115B

这么巍峨的身姿，如此逆天的科技发明是哪个国家的？美国。所以美国确实掌握核心科技，在航空发动机这方面，我们跟它的差距还很大。

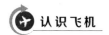
战斗机推力最大的是 F-35 使用的发动机 F135，如图 1-26 所示。它打开加力之后推力达到 18 吨。有了如此澎湃的动力，它才具备超巡的能力，才具备超机动性，才成为第五代战机。

由此可见，美国在航空动力科技领域，应该说一骑绝尘，无敌于天下。

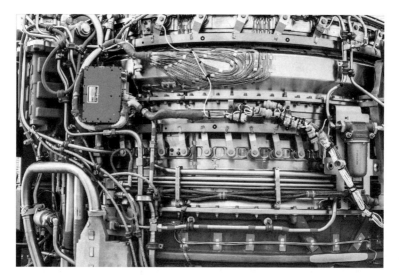

图 1-26　F135 发动机

图 1-27　F-35

扫码看彩图

第二章

走近飞机——飞机基本构造

飞机有大有小，大的如空客 380，有 560 吨重。小的，如塞斯纳 172，只有一吨重。其实仔细观察，会发现它们的基本构造是差不多的，基本上分为五大部件：机身、机翼、尾翼、动力装置以及起落装置。

　　民用飞机五大部件比较明显，那军用飞机如战斗机的情形如何呢？大家看一下苏 34 鸭嘴兽战斗轰炸机，如图 2-1。其实它也是分这 5 大部件。机身，就是最主要的部件；机翼明显是个三角翼；尾翼，在后面，有平尾有垂尾；动力装置，两台发动机明显在机腹下，可以看到楔形进气口，也可以看到圆形尾喷管；起落装置有主起落架和前起落架。

图 2-1　苏 34 鸭嘴兽战斗轰炸机

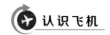

2.1 大肚能容——机身

机身的主要作用是装载机组、旅客、货物和其他的必需设备。当然无人机是没有机组和旅客的。

单纯靠机身，飞机无法升空，所以要有产生升力的部件，那就要把机翼装上。另外要有保证飞机平衡和控制飞机姿态的一些部件，那就再把尾翼装上。此外还要产生强大的推力，这才能让飞机一飞冲天，那就再把发动机吊挂上。所以机身的另外一个作用就是把飞机的其他部件，如机翼、尾翼、发动机和起落架连接上。

下面我们就在一架民航客机机身内部从前到后、从上到下游览一遍，会分别经过哪些地方呢？

机身最前方是雷达罩，如图 2-2。

这个雷达罩一打开，里面是一个小气象雷达，这是一个雷达发射器，也是个接收器。这个气象雷达扫描前方的天气，看有没有雷暴、风切变和雨雪这些危害天气因素。

图 2-2 雷达罩

看完雷达罩之后，我们再往后走，飞机就分为上下两层了。我们先到上层去。在上层，首先看到的就是驾驶舱，大家看一下驾驶舱，是不是很酷？

图 2-3 驾驶舱

有人说驾驶舱是世界上最酷的办公室，是谁办公的地方？飞行员。在万米高空九霄云外工作，不仅仅是酷，更是一种挑战。

我们看一下波音驾驶舱的布局。中间有个操纵台，操纵台上有最重要的控制装置：推力手柄，控制发动机功率输出。往前推，发动机推力会增大，往后拉，发动机推力会减小。拉到底，并不意味着发动机关断，只是意味着发动机处于慢车状态，叫 idle。

驾驶舱有两个座位，两个座位前面，有驾驶盘或者叫操纵盘（空客没有）。操纵盘有什么作用呢？飞机起飞的时候要爬升，就往后拉操纵盘。飞机落地要下降，那就把操纵盘往前推。飞机如果要转弯，往左的话，就把操纵盘往左转；往右的话，就把操纵盘往右转。

飞行员脚底下有两个脚蹬，单脚蹬脚蹬，飞机就会偏航，用左脚蹬一下，飞机往左偏航，用右脚蹬一下，飞机就朝右偏航，偏航就是机头指向的改变。

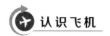

两脚同时用力蹬，叫刹车。

驾驶舱的两个座椅，是谁坐的？左座叫机长座，右座叫副驾驶座。

现在的驾驶舱是两人制机组，但是过去是这样的吗？过去进驾驶舱，你会发现一堆人。过去开飞机可不容易，有五个人，叫五人制机组。机长肯定要有，副驾驶肯定要有，还要有随机工程师、领航员和通信员。

后来随着飞机自动化程度的提高和飞行员英语通话水平的提高，五人制机组退出了历史舞台。

所以现在飞机普遍采用两人制机组。但事实上驾驶舱会有第三个人：观察员。观察员实际上是新手飞行员，在上座之前需要经历观察学习这么一个阶段。

驾驶舱再往后走就到了客舱。

客舱有大有小，里面有两条通道的大客舱，叫双通道客舱，如图 2-4 所示。拥有双通道客舱的飞机叫宽体机。宽体机是跨洋或跨洲的，在国内旅行一般坐不到，除非你飞的这两个城市都是特大型城市，都是枢纽城市，比如说从北京飞上海、从北京飞香港或从上海飞成都等，航空公司在这种高密度的航线上可能用宽体机。

图 2-4　宽体机客舱

　　窄体机的客舱只有一条通道，如图 2-5 所示，这意味着飞机较小。波音 737 和空客 320 就是这种飞机。

图 2-5　窄体机客舱

　　普通窄体机的航程不长，5000 千米左右，适合于国内航线。

　　客舱走到底之后，机身上层就走完了。接下来从客舱尾部转到下层，下面就是货舱。当然对于货机来说，客舱是不存在的，内部空间几乎都是货舱。

图 2-6　波音 777 全货机货舱

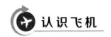

货舱走完之后再往前走，就是电子设备舱。这个地方靠近机头位置。电子设备舱如同小超市，"货架"上摆满了奇奇怪怪的各种各样的电子设备，如果没有这些电子设备，飞机的自动控制就无从谈起。

下面介绍三款机身最长的飞机。

季军，也就是第三名：空客 340-600。这是空客家族生产的一款四发飞机，在 380 问世之前它是空客家族最大的一款飞机了。它的机身长度是 75.3 米，非常修长。所以这款飞机被称作空中美男子。由于受大型双发宽体机如波音 777 的冲击，这款飞机正逐渐退出市场。

图 2-7　空客 340-600

亚军：波音 747-8I。机身长度是 76.4 米。波音 747-8I 是波音 747 旗下最新的一款客机，它是为了对抗空客 380 而研发的。2012 年投入使用以来，超越空客 340-600 成为世界上最长的民航客机。从前登机门进去之后往后看，无数个座位一眼望不到尽头。国航，是目前大陆唯一运营波音 747-8I 的航空公司。

图 2-8　波音 747-8I

　　冠军：安 225。机身长度大幅度超过前面两款，达 84 米，不愧是冠军、王者。安 225 是苏联的安东诺夫设计局生产的大型运输机。苏联生产的东西常以傻大笨粗而闻名，这一款飞机也体现了这种设计风格。机身长达 84 米；翼展 88 米；发动机多达 6 台；最大起飞重量 640 吨，是世界上最大的飞机。

　　该飞机的设计目的不是用来运货的，而是用来背负航天飞机的，要完成这一伟业，飞机不大怎么行？

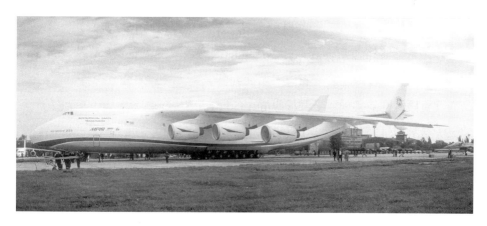

图 2-9　安 225

2.2 飞机翅膀——机翼

机翼有三大功能，第一大功能是产生升力。飞机在发动机的推动下在跑道上高速滑跑，相对气流在机翼上下表面产生压力差，于是升力产生。

上海有世界上唯一商业运行的磁悬浮列车，其最高时速可达 430 千米每小时。这个速度比飞机离地的速度还要快，但磁悬浮列车能飞起来吗？不能，因为它没有产生升力的部件，所以磁悬浮列车跑得再快也不会飞起来。

机翼的第二个功能是安装发动机、起落架和油箱。

最后，第三个功能，机翼在飞机的稳定性以及操纵性中扮演重要角色。

什么叫稳定性？飞机在力矩平衡之后，处于一个稳定的状态。受到外力的扰动之后，它会偏离原来的平衡位置。等这个外力消失之后，如果能够自动恢复到原来的平衡位置，那么这架飞机具有稳定性。

莱特兄弟发明飞机后，他们成立了莱特飞机制造公司。但是莱特兄弟认为飞机应该设计成不稳定的，这样飞行员需要不停地操纵飞机，如此可避免他打瞌睡发生事故。所以飞莱特飞机的感觉就像斗牛一样，非常累。这种设计理念最终导致莱特飞机公司的消亡。所以飞机要有一定的稳定性，而机翼是保证飞机稳定性的一个重要部件。

什么是操纵性？飞机在飞行员操纵下从一个飞行状态过渡到另一个飞行状态，如果过渡得非常快速，即为操纵性很好，或操纵敏捷。如果过渡得非常慢，即为操纵性很差，或者反应迟钝。

飞机操纵性的实现主要靠操纵面（Control Surface）。机翼的前缘和后缘就有大量的操纵面，如图 2-10 所示。

图 2-10 飞机操纵面

机翼并不是铁板一块，机翼的前缘和后缘都有一些可以活动的操纵面。

机翼的后缘有飞机三大主操纵面之一的副翼（Aileron），它是对称安装在机翼翼尖附近的一小块可动的翼面。飞行员操纵左右副翼差动偏转所产生的滚转力矩可以使飞机做横滚机动，另外配合尾翼上的方向舵偏转，可使飞机做协调转弯。

机翼的后缘还有襟翼（Flaps）。机翼前缘有缝翼（Slats）。

飞机落地前，速度会越来越小，根据升力公式，如果不做任何改变的话，升力也会越来越小。为避免失速，需要放出襟翼和缝翼来增大机翼面积和升力系数。由此可见，襟翼和缝翼都是增升装置。

机翼后缘还有扰流板（Spoiler），如图 2-11 所示。飞机落地之后，扰流板会立即立起来，机翼上产生了很大的阻力，也破坏了升力，有助于飞机减速和稳定滑行。

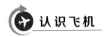

图 2-11　扰流板

根据机翼安装在机身上的位置，分为上单翼、下单翼以及中单翼。多数民航客机都是下单翼。

飞机根据机翼的数量分为单翼机、双翼机和多翼机。

早期飞机多数都是双翼机或者多翼机。原因是早期动力装置性能差，产生的推力或拉力很有限，为了产生足够的升力，只能靠增加机翼面积来实现，那就多装几个机翼。

国内仍然在使用的双翼机是运五。如图 2-12。

图 2-12　运五

三翼机可能只能在飞行表演中见到。但是在第一次世界大战期间，多数的战斗机都是多翼机，比如当时令协约国闻风丧胆的"红男爵"（德国飞行员曼弗雷德·冯·里希特霍芬），驾驶的就是一款三翼机。

下面介绍世界上翼展最长的四款飞机。

第四名：空客380。众所周知，这是空客旗下最大的一款飞机，它的翼展是79.8米。

图2-13　空客380

最高基准的民航机场是4F级。国际民航组织推荐，即使是4F级的机场，能够容纳飞机的翼展最大不得超过80米。空客380的翼展是多少米？79.8米。

中国有两百多个民航运输机场，能够允许空客380落地的机场，即4F机场，只有10个，这种飞机实在是太大了。

第三名：安225。这款巨无霸飞机的机身是世界第一，它的翼展是世界第三，长达88.4米。中国指定的唯一可用于安225起降的机场是石家庄正定机场。

图 2-14　安 225

　　第二名：H-4 大力神。翼展是 97.54 米，这款飞机实在是太大，它在陆地跑道上没法起降，只能在水上起降，所以它是一款水上飞机。现在读者要想一睹其风采，只能去它的博物馆了，如图 2-15。

图 2-15　H-4 大力神的博物馆（半球状建筑）

　　第一名：Stratolaunch 平流层火箭发射台。第一名现在还没有投入使用，

其翼展达到了惊人的 117 米。根据
其名字，可知这款飞机不是用来
运载旅客的，而是飞到平流层，在
这个高度上发射火箭，如图 2-16，
这样可以降低火箭的发射成本。
Stratolaunch 无疑将是世界上最大
的飞机。这是一架双体飞机，两个
机身中间有着巨大的空间用于装载
货物，使得它的翼展达到 117 米，

图 2-16　未来火箭可在飞机上发射

比现役的最大客机空客 380 和传奇的 H-4 "大力神" 都长。

2.3　不可或缺——尾翼

飞机的尾翼是否如有些动物的尾巴，失去后不影响其生存？答案是否
定的。

1985 年 8 月 12 日，日航 123 班机起飞后不久，飞机发生故障变得难以操
纵，最终坠毁，520 人遇难。这是航空史上最大的单机灾难事件。事后调查，
空难的主要原因是：机尾压力隔板破裂，冲出的气流将尾翼大半吹掉了，飞
机于是难以操纵。

图 2-17　日本航空班机

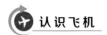

图 2-18 尾翼

由此可见，尾翼绝非某些动物的尾巴那样可有可无，飞机失去尾翼后果是灾难性的。

尾翼包括水平安定面和垂直安定面。水平安定面后缘有操纵面升降舵，垂直安定面后缘的操纵面为方向舵。安定面有稳定飞行的作用。飞机在飞行中因气流等因素干扰会偏离原来的姿态，而安定面有恢复飞机原有姿态的能力，对飞机起到稳定平衡作用。所以，失去尾翼的飞机必定无法稳定飞行。

升降舵和方向舵是飞机最重要的飞行操纵面，可分别控制飞机的俯仰和偏航。

飞行员往前推驾驶杆（空客是侧杆），升降舵会偏转向下，此时产生一个低头力矩，飞机就会往下俯冲，反之，飞机就会爬升。这就是俯仰控制。

飞机在平飞的时候，突然来了气流，使飞机航向发生了变化，或者多发飞机某发动机突然失效，机头会立即偏向发动机失效的一侧，这都是偏航，飞行员需要立即踩方向舵脚蹬，让飞机回归到正常的航向上去。这是偏航控制。

对于失去尾翼的日航 123 班机来说，既无法稳定地飞行，飞行员也不能对其进行俯仰和偏航控制，悲剧已不可避免。

2.4 飞机腿脚——起落装置

起落装置（Landing Gear），顾名思义，可用于飞机的起飞和落地，除此之外，还可用于滑行和支撑飞机。起落装置是飞机的腿脚，没有它，飞机将动弹不得。

陆上飞机的起落装置即为起落架。起落架的布局主要分为前三点式和后三点式。

早期的螺旋桨飞机都是后三点式的。这种飞机，现在看感觉挺可笑的，机头高高昂起，两个大主轮在前，一个小尾轮在后。这种布局其优点是结构简单，此外，上扬的机头在起飞时形成的大迎角使飞机能够较快升空，落地时造成的阻力也能够使飞机尽快减速，所以后三点式飞机对跑道的要求不高，较短的跑道即可起降。

图 2–19 后三点式飞机

但后三点式飞机的缺点也很明显：首先，机头昂起造成飞行员向下的视野较差。其次，飞机高速落地后，需要强力制动减速的话，由于重心在主轮后，很容易导致飞机拿大顶。随着飞机速度的提升，这些缺点变得难以接受，所以后三点式起落架已基本退出了历史舞台。

现代飞机上使用最广泛的是前三点式起落架。两个主轮保持一定间距左右对称地布置在飞机重心稍后处，前轮布置在飞机头部的下方。飞机在地面滑行和停放时，机身地板基本处于水平位置，便于旅客登机和货物装

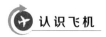

卸。大型飞机用增加机轮和减震支柱数目的方法减低轮胎对跑道的压力，如图 2-21 所示。

图 2-20　前三点式飞机

图 2-21　多轮多支柱式起落架

起落装置有时不仅仅只有起落架，比如水上飞机和雪上飞机。

中国大飞机的三剑客包括 C919、运 20 和 AG600。前两者堪称明星产品，万众瞩目。AG600 显得默默无闻。事实上这是世界上正在研发的最大的一款水上飞机，2017 年 12 月 24 日已成功首飞。AG600 属于大型水上飞机，其起落装置不仅有起落架，还有一个 V 形船身式机腹，可减小滑行时船身的遇浪冲击及降落时船身对水的冲击作用，如图 2-22 所示。

图 2-22　水上飞机的 V 形船身式机腹

雪上飞机的起落装置需要加装雪滑橇。在两极地区，或在冰雪覆盖的寒冷地区，很难建跑道，或者说没必要建跑道，那就直接在雪地上进行起降，这种飞机就要有滑橇式的起落装置。

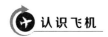

图 2-23　雪上飞机

2.5　飞机心脏——动力装置

飞机的动力装置（Power Plant）主要指发动机，它是飞机的心脏，是动力的源泉。

发动机的主要功能毋庸置疑是产生拉力或推力，除此之外，发动机还可以起以下作用：

第一，产生电力。发动机驱动发电机，产生了飞机所使用的绝大多数电力。

第二，驱动液压系统，以实现对飞行操纵面、起落架等部件的收放。

第三，提供气源。

飞机需不需要气？当然需要。喷气式客机的巡航高度都在万米左右。外界大气压极低，所以必须要给客舱增压。空调系统从发动机压气机引出高温高压空气，然后与冷空气混合后，经过调温调压最终输入客舱。可见，发动机是增压空气的源泉。

除此之外，很多系统也需要气源，如除冰系统。

飞机的很多部位是需要除冰、防冰的，尤其机翼前缘。积冰会破坏机翼的气动外形，会增加阻力，更可怕的是可能会导致飞机失速，所以要尽快除冰，用什么除呢？现在民航客机就是从发动机压气机引来高温空气，利用热量将冰化掉。

有人认为发动机还有一个功能，是让乘客钻进进气道拍照，如图2-24所示。事实上，普通大众最好远离发动机。

我们都听过这种报道，有些乘客因为飞机延误或误机，做出一些非常危险的举动，比如冲击停机坪、拦截飞机等。

事实上工作中的发动机进气道有强大的吸力，吸力强大到令人恐怖。一般民用客机发动机一秒钟的进气流量高达几百千克，远远超过一个人的重量，所以如果有人从边上走过的话，将会如纸片般被吸入。

图2-24 发动机进气道

下面看一下动力装置的分类。

动力装置自诞生以来，主要发展了两种类型。一类是活塞式，另一类是涡轮式。

活塞式发动机跟汽车发动机的工作原理是一样的，吸气、压缩、做功和排气，即四个冲程一次做功。

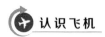

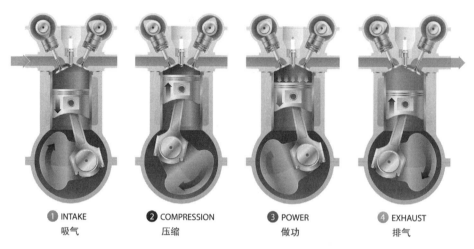

① INTAKE
吸气

② COMPRESSION
压缩

③ POWER
做功

④ EXHAUST
排气

图 2-25　活塞发动机工作原理

　　早期飞机使用的基本都是活塞发动机。人类天空中曾经飞翔过几百万架飞机，光是两次世界大战交战国就投入了上百万架，这些绝大多数都是活塞式飞机。现在还在使用的活塞式飞机，主要是私人螺旋桨飞机或是给飞行员培训用的初教机，如 C172、DA20 和初教六等。

图 2-26　活塞发动机与螺旋桨

　　活塞螺旋桨飞机有较好的低速和起降性能，但在试图高速飞行时，螺旋桨桨尖会率先达到音速，从而产生极大的激波阻力，发动机效率会降低，从而阻碍飞机速度的提升。然而人类对速度的追求是无止境的，这促使科学家和工程师进一步研发更加先进的发动机，于是就诞生了涡喷发动机。

　　典型的轴流式涡喷发动机的构成包括进气道、压气机、燃烧室、涡轮机和尾喷管。空气被进气道吸入后，进入压气机，逐级压缩之后压力增大，接着进入燃烧室，喷油点火，产生的高温燃气冲击涡轮机，接下来通过尾喷口高速喷出，后面的空气产生了反作用力，这就是推力。

　　涡喷发动机确实高速性能很好，这样让飞机一下子跨越到了超音速时代，于是就诞生了一些惊世骇俗的飞机。

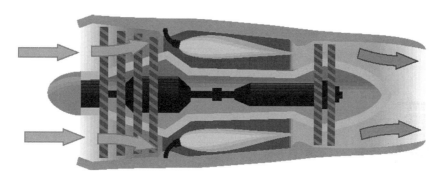

图 2-27　涡喷发动机

　　譬如协和号飞机，这是人类史上仅有的两款超音速客机之一，协和号1969 年问世，一直运营到 2003 年，它能够以两倍音速的速度飞行，用的就是四台推力非常强大的奥林巴斯 593 涡喷发动机。

图 2-28　协和超音速客机

图 2-29　涡扇发动机

协和号最终还是退役了，原因是涡喷发动机虽然高速性能很好，但是油耗太大。协和号最大载客量只有区区 140 人，每小时耗油却近两万千克！为解决涡喷发动机带来的油耗严重、噪声大的问题，涡扇发动机于 20 世纪 50 年代应运而生。涡扇发动机的工作原理如前文所述（见第 16 页）。高涵道比涡扇发动机大大降低了发动机产生的油耗和噪声，因此成为现代民航客机的标配。

不管是涡扇还是涡喷发动机，大家要知道，对于在周边工作的机务人员来说都有三大威胁：第一，它有巨大的噪声，涡喷发动机是人类制造过的噪声最强的机器之一，噪声最高可达 150 分贝。第二，它的进气道有强大的吸力，全推力时可以轻易将大型物体吸进去。第三，发动机尾喷口（图 2-30）会产生高温高速的气流，甚至能够将汽车吹翻。

宝洁 2016 年做过一款广

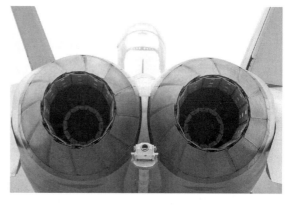

图 2-30　发动机尾喷口

告：潘婷，挑战世界上最大的吹风机。一个模特站在波音 767 航空发动机的后面，让相当于 6000 台吹风机的尾喷气流吹她的头发。广告是如何拍出来的，我们不得而知，但事实实在是太可怕了。事实上大型客机的发动机尾喷口可轻易将几吨重的汽车吹飞，何况是一个百十斤重的人！

除了涡喷涡扇，还有一种涡轮发动机是涡桨。简单来说就是在涡喷发动机前面加上一个螺旋桨，让发动机来带动螺旋桨旋转。这种发动机产生一小部分推力，但主要产生拉力。涡桨飞机由于螺旋桨的局限性，飞行速度和高度都不如涡扇飞机，但发动机功率比活塞发动机大，燃油消耗率比涡扇低，适合于支线飞机。

国产新舟 60，就是一款典型的涡桨飞机，国内幸福航空和奥凯航空在运营。此外，新舟 60 还出口到了世界上十几个国家，如老挝、津巴布韦、刚果和印度尼西亚等。跟新舟 60 在国际市场形成竞争的有两款，一款是庞巴迪的 Dash8-Q400，另一款是法国的 ATR72。2018 年 8 月 10 日，美国地平线公司的一名地勤人员偷了自家公司的飞机并驾机升空后坠毁，被偷的飞机正是 Dash8-Q400。

图 2-31 被偷飞上天的 Dash8-Q400

中国的航空发动机研发制造在什么水平？

应该说不弱。我们现在有能力制造活塞发动机，也有能力制造涡桨发动机如涡桨 6，甚至还有能力制造小涵道比的军用涡扇发动机如涡扇 10。

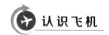

但是也不强，不强在哪里？

主要在涡扇发动机领域。我们有能力制造军用涡扇发动机，但其可靠性与西方国家的同类发动机有一定的差距。

虽然性能有差距，但在军用发动机领域，最起码我们拥有了自己的产品，而民用的大涵道比涡扇发动机，我们在这方面的成果基本是零。

国产支线客机 ARJ21-700 已于 2015 年交付成都航空，它用的发动机是通用电气的 CF34；国产大飞机 C919 正在试飞，它用的发动机是通用电气和法国赛峰集团合资公司的 CFM LEAP-1C。可见国产客机用的都是国外的发动机。

图 2-32　C919

航空发动机是飞机的心脏，大涵道比的涡扇发动机更是工业之花，它的研制难度无与伦比。试想，发动机转子要在一千多度的高温中高速旋转，要承受几十个大气压的压力，叶尖要承受几万千克的离心力，还要保证每十万小时一次以内的空中停车率！这对发动机的设计、控制、材料和工艺提出了极高的要求，难度可想而知！正因如此，大涵道比涡扇发动机的关键技术集中在三大航空巨头手中，即美国的通用电气和普惠公司以及英国的罗罗公司。

中国飞机的心脏病难道就没救了吗？当然不是。2016年8月28日中国集合了最精锐的航空科技人员，组建了中国航发集团；"十三五"规划中，国家规划了一百个重大工程项目，排第一位的就是航空发动机。相信假以时日，中国自己制造的发动机能够助力中国自主研发的大飞机飞上蓝天，歼20也能够使用自己的发动机，成为一款名副其实的超级战机，捍卫祖国的蓝天。

图2-33 歼20

扫码看彩图

第三章

林林总总——飞机分类

本书按照用途，将飞机分为两大类：民用飞机和国家航空器中的飞机。民用飞机可分为两类：公共航空运输飞机和通用飞机。

民用飞机之外的其他飞机即为国家航空器中的飞机，《国际民航公约》第三条第 2 款规定："用于军事、海关及警察部门的航空器，应认为是国家航空器。"按照此规定，国家航空器中的飞机分为两大类：第一，军用飞机；第二，海关和警察部门使用的飞机。军用飞机范畴较大，分为：侦察机、战斗机、轰炸机、反潜机、预警机、军用运输机和空中加油机等。

本书将按照以上顺序依次介绍。

3.1 民机主力——公共航空运输飞机

公共航空运输飞机是各国民用飞机的主力。此类飞机多为大型喷气式运输机，进行客货运输且以营利为目的。此类飞机又分为两类，分别是航空旅客运输飞机和航空货物运输飞机。

航空旅客运输飞机，顾名思义，这类飞机以运输旅客赚取运费为主要目的，即各航空公司的客机。此类飞机是普通大众最为熟悉了解的飞机，也是最有机会接触到的飞机，更是提到"飞机"，率先进入普通人脑海中的航空器。相当于提到动物园，大家首先想到的大老虎。

目前中国大陆运营航空旅客运输飞机的航空公司共 50 家左右，旗下共有近 3000 架飞机，绝大多数机型为波音和空客，数量最多的是空客 320 和波音 737。也有少量庞巴迪公司的 CRJ 和巴航工业集团的 EMB 系列飞机，最大的

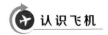

运营单位分别是华夏航空和天津航空。国产飞机仅有两款，即西飞的新舟 60 和中国商飞的 ARJ21-700，且数量较少，主要是幸福航空和成都航空在运营。可见飞机国产化任重道远。

图 3-1　国产 ARJ 客机

航空货物运输飞机，顾名思义，这类飞机是以运输货物赚取运费为主要目的的飞机。此类飞机也多数为喷气式飞机，但由于货物不追求舒适性，且航空公司为降低成本，多采购二手飞机或退役的客机如波音 733、波音 757 和波音 747 作为货物运输飞机。

图 3-2　波音 747 客机

目前国内共有 9 家货运航空公司，规模较大的货运公司有中国国际货运航空、中国货运航空、中国邮政航空和顺丰航空。其中规模最大的是顺丰航空，截至 2018 年 9 月顺丰拥有 46 架货机。这也解释了为什么中国的快递业三通一达加起来比不上一个顺丰，因为顺丰有飞机！

图 3-3　顺丰货机

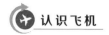

世界上最大的货物运输公司是 FeDEx，即美国联邦快递，旗下有近 700 架货机，航线遍及全球。看来中国货航追赶世界也任重道远。

图 3-4　FedEx 货机

3.2　未来之星——通用飞机

通用航空是公共航空运输以外的所有的民用航空活动，而从事通用航空的飞机自然就是通用飞机。通用飞机主要用作农、林、牧、渔、工和建筑业的作业飞行，以及从事医疗卫生、抢险救灾、气象探测、海洋监测、科学实验、教育训练、文化体育、公务出行和私人娱乐等方面的飞行活动。

由此可见，通用飞机的用途极广，在国家经济活动中可以发挥重要的作用，但中国的通用航空发展极不均衡，虽然各个领域均有涉及，但通用飞机主要集中在教育训练和农林喷洒领域中。

教育训练用飞机，简单来说就是航校用的飞机。依据中国民航局 2018 年发布的《2017 年通用和小型运输运行概况》报告，截至 2017 年 12 月 31 日，国内共有通用飞机 1131 架，竟然有一半以上在航校！其中中国民航飞行学院，这一飞行员界的"黄埔军校",是世界上规模最大的飞行培训基地,其训练用飞机有近 300 架!

中国通用飞机的第二大应用领域是农林喷洒,也就是农林作物的农药喷洒,主要集中在农林面积较大的黑龙江和新疆。截至 2017 年 6 月 30 日,黑龙江的北大荒通航拥有作业飞机共计 87 架,数量最多;飞龙通航拥有 39 架;新疆的新疆通航拥有 36 架作业飞机(图 3-5)。

图 3-5　农业飞机

与中国形成鲜明对比的是大洋彼岸的美国。作为世界上最发达的通用航空大国,美国累计有 23 万架通用飞机,是中国的 200 倍!更令人震惊的是美国的通用飞机主要应用领域是私人娱乐飞行和公务出行。

在美国佛罗里达州一片风景优美、安静隐秘的别墅住宅区内,每一栋房屋门前都停放着 1 架或 1 架以上的飞机。房屋门前的大道整齐宽阔,并直通毗邻小区的一条修葺完整的飞机跑道,跑道上不时地会有飞机起飞或降落。这些飞机几乎都是这片别墅小区业主们的私人座驾,业主们每天就是这样从自家门前驶出飞机,在这条跑道上起飞后飞往其目的地,返程后亦在这里降落,返回自己的家。这里就是美国最著名的航空小镇 Spruce Creek 的日常生

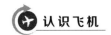

活场景。而类似 Spruce Creek 的航空小镇在美国有多少？五百多个！

　　遍布美国的航空小镇充分体现了美国私人娱乐飞行的兴盛与发达。如图 3-6。

图 3-6　美国发达的通用航空

　　美国通用飞机另一个重要的应用领域是公务出行。

　　读者有没有听说过这么一些航空公司，比如说金鹿航空、中一航空、纵横航空、汉华航空以及南山航空？这些公司也是航空公司，但是很少为人所知，至于坐过的人，那就更少了。原因是这类公司运营的飞机是通用飞机中最为昂贵的一类：公务机。公务机多为小型喷气式客机，航程远、速度快，更夺人眼球的是客舱内饰奢华、娱乐通信设备齐全，大型公务机甚至有淋浴间和卧室。如此一来，普通大众与公务机肯定无缘。笔者曾参观 2015 年亚洲公务机展，一公务机公司介绍，每小时费用为 5 万元！由此可见，公务机的客户应该非富即贵，如企业老板、影视明星、体育明星、政府高官以及世界500 强的高管。

图 3-7　公务机客舱

　　在中国，公务机出行正处于起步阶段，而在美国的富豪阶层中已相当普遍。

　　如果说，中国的公共运输航空已经发展到了青壮年阶段，通用航空还是襁褓之中的婴儿。通用航空的未来发展空间巨大，随着 2010 年以来国家鼓励通航发展相关政策的陆续出台，低空空域管理改革在不断深入，各地掀起建设通航机场的热潮，通航运营公司和制造公司的数量在不断增长。通用航空将是拉动中国经济增长的未来之星，其前途不可限量。

3.3　海关和警察部门使用的飞机

　　海关和警察部门使用的飞机主要是用作缉毒、打击走私、抓捕罪犯，另外用作巡逻和救援。我们经常看到好莱坞警匪片中，盗贼或罪犯在高速公路上开车狂飙，后面有警车追赶，而空中竟然也有警察，他们使用飞机在天空中监控追踪盗贼，最终在地面以及空中警察力量的共同协助之下把盗贼捉拿归案。

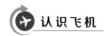

我们不得不感叹，美国的警察部门有钱任性，竟然用飞机来打击罪犯。事实上中国也有警用飞机。1993 年 12 月武汉市公安局购置了第一架警用航空器，之后，全国各大城市纷纷效仿，截至 2015 年底，全国共有 31 支警用航空队。警用飞机高效快捷，为城市的空中巡逻、追捕逃犯、缉私禁毒、医疗救护和政府其他部门的应急服务做出了突出的贡献。

图 3-8　警用航空器

3.4　空中间谍——侦察机

国家航空器中飞机的主体是军用飞机。提到此类飞机，多数人首先想到的是矫健骁勇的战斗机，实际上最早进入军事领域的飞机是侦察机。

1903 年第一架飞机问世，很快军方就开始考虑：此等神器打仗时能否派上用场？他们首先想到的是让飞行员带上照相机去偷拍对方。此时的军用飞机便是世界上最早的侦察机。一开始，敌我两架侦察机在空中遭遇时，飞行员还比较友好，互相挥手致意，没有太多的敌对情绪。后来随着战争的深入，双方侦察机上的飞行员开始互扔砖头了，然后就开始手枪对射了，再之后侦察机就开始加装机枪航炮，最后挂载导弹成为一种杀人利器，这就演变成了现代战斗机。所以战斗机是从侦察机演化而来的。

按遂行任务分类，侦察机分为战略侦察机和战术侦察机。战略侦察机一般具有航程远和高空、高速飞行性能，用以获取战略情报进行战略决策，多是专门设计的。战术侦察机具有低空、高速飞行性能，用以获取战役战术情报，通常用歼击机改装而成。

世界上最著名的侦察机有两款，第一款就是 U2。这款大名鼎鼎的间谍飞机 1956 年装备美国空军，几十年来曾征战全球，侦察过苏联、古巴、朝鲜、中国、越南等国家，时至今日，仍有部分 U2 在服役，堪称侦察界的常青树。

图 3-9　U2

U2 飞机的制胜法宝是其无与伦比的巡航高度，达到 70 000 英尺（21 336 米），远远超过了当时最先进的米格战机的升限！在问世之初，U2 如幽灵般刺破华约众多国家铁幕，进入其领空如入无人之境，甚至曾对苏联心脏莫斯科进行过侦察！

一时间 U2 狂妄无比，飞行员的徽章上都写着：In god we trust，all others we monitor。意思是：除了上帝他老人家，我们不敢动他，其余一切我都要对它进行监控！

道高一尺魔高一丈，有矛必有盾，没有刺不穿的盾，也没有折不断的矛。苏联的地空导弹技术开始飞速进步，很快就研发出射高超过 70 000 英尺的地

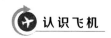

空导弹。1960年5月1日,U2再次进入苏联领空的时候,被苏联导弹一举击落。

U2被苏联击落后,美国彻底停止了U2侦察机对苏联地区的飞越侦察活动,U2的身影开始频繁出现在拉丁美洲和亚洲远东地区。1962年10月14日,U2侦察到苏联在古巴开始部署中程弹道导弹,由此拉开了"古巴导弹危机"的序幕。

众所周知,古巴距离美国边境不到200千米,在古巴发射弹道导弹可以轻易对整个美国全境覆盖。苏联的导弹部署令美国震怒,美国斥令苏联立即撤离导弹。苏联哪肯轻易就范,双方剑拔弩张,差点按动核按钮。最终在U2侦察机提供的导弹照片和美国强大的军事压力面前,苏联终于从古巴撤出了弹道导弹。从某种意义上说,U2侦察机成了挽救世界的"救星"。

U2的撒手锏是其超乎寻常的飞行高度,然而后期防空导弹的发展使其高度优势荡然无存。天下武功,唯快不破,1966年1月三马赫的战略侦察机SR-71黑鸟闪亮登场。

同U2一样,SR-71同属洛克希德公司出品,与U2不同的是,SR-71制胜法宝是其在当时堪称登峰造极的飞行速度:三倍音速! 苏联的导弹,可以击落U2,但是对这款黑鸟束手无策,因为那时的导弹都飞不了三倍音速。SR-71在服役后参与了多次军事行动,几乎对每一个曾被美国视为威胁的国家都进行了侦察。美国飞行员仗着黑鸟的飞行速度肆无忌惮地出入他国领空,曾有上千枚导弹呼啸升空,去迎接这个通体发黑、为突破热障而用钛合金打造的不速之客,然而没有一枚能够快到近其金身。

SR-71黑鸟飞得究竟有多快呢? 黑鸟的飞行员这样描述:

"我永远记得那一天的无线通信,当时我正和沃尔特(我的后座驾驶员)一起在13英里(约2万米)高度划过南加利福尼亚的天空。""在飞入洛杉矶空域的时候,我们一直监听着空中其他飞机和飞控中心的通信。虽然飞控中心并不真正控制我们,但是它始终在自己的雷达上监视着我们。这时,我听到一个塞斯纳飞行员请求塔台读出他的地速。'90节。'塔台回复。沉默了片刻,一架双发比奇也同样要求塔台读出它的地速。'120 节。'塔台回答。"很明显那天并不只有我们对自己的地速感到自豪，因为几乎是立刻，无线电上传来一个 F-18 飞行员得意的声音：'哦，中心，"灰尘 52"需要地速读出。'短暂的沉默之后，塔台回答：'地速 525 节，灰尘。'又一阵短暂的沉默。正当我心里痒痒地考虑时机是否成熟的时候，我听到后座传来了熟悉的无线电开关的咔嗒声。就在这一瞬间，我明白我和沃尔特成了真正的拍档。'中心，我是"白杨"20，需要地速读数，完毕。'一阵比平常长得多的沉默之后：'白杨'，我这里的读数是，呃……1742 节。"那天那个频道没有更多的地速读数请求了。"

图 3-10　SR-71 黑鸟

3.5　空中主力——战斗机

　　飞机在军事上的最初用途是侦察。后来侦察机架上机枪航炮，再后来挂载上导弹，就成为现代战斗机。战斗机的主要用途是跟敌方的战斗机进行空

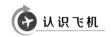

战，夺取制空权。除此之外，战斗机还有以下用途：攻击对方的轰炸机，以及其他的一些空中平台；对己方的航空器进行护航，比如说护送己方的加油机、预警机或轰炸机；携带一定量的对地对海武器对面上目标进行打击。

震惊世界的海湾战争和科索沃战争，向世人说明，在现代立体战争中，制空权或空中优势已经成为夺取战争胜利的根本。而制空权的取得要依靠空军各机种的配合，但最终实施要靠战斗机。由此可见，战斗机在空军诸军种中是最重要的，是排第一位的。如果一个国家的空军没有战斗机，其他的机种就失去了存在的意义。

战斗机的极端重要性，促使各军事强国将战斗机的研发放在空军诸机种的第一位，力争使本国战机对他国战机具有压倒性的领先优势，或代差。目前中美两国已入役的重型战机 F-22 和歼 20 已对他国构成优势。

F-22 和歼 20 均属于第 5 代战机。这一代战机的 4S 特点，即低可探测性、超音速巡航、超视距打击和超级信息优势，使其与其他战机对决时，在条件对等情况下可轻松获胜。

图 3-11　F-22 猛禽

第 5 代战机相对前代战机，技术跨度大，研制难度高。如超音速巡航和超机动性的实现需要推重比超过 10 的航空发动机；隐身性需要优秀的气动布局设计和隐身涂层的开发；超视距打击和超信息优势需要强大的航电系统支持。所有这些的实现和整合需要强大的技术研发能力和巨额的科研经费支出，而这是绝大多数国家完全做不到的，从长远来看，未来第 5 代重型战机的空中对决将只是中美俄（苏 57 预计于 2019 年服役）之间的"三国演义"。

第 5 代战机造价昂贵，单机价格往往高达数亿美元，堪称天价，即使财大气粗的美国也承受不起，无法痛快地买买买，只采购了 180 来架 F-22 猛禽。其空军主力依然是第 4 代战机 F-15 鹰。

第 4 代战机没有第 5 代战机的隐身性能，但往往也具有较高的机动性，如以"眼镜蛇机动"闻名于世的苏 27；部分后期研制的或改进型的 4 代机甚至具备超视距导弹攻击能力，且具备对地对海攻击能力，成为多用途战机，而不仅仅只用作空战，如号称"全能风"的法国阵风和美国的 F/A-18E/F 超级大黄蜂。

图 3-12　阵风战机

第 4 代战机相对第 5 代战机造价要便宜些，单架往往在几千万美元，成

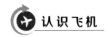

为当前世界各国空军的普遍装备。但对于某些经济落后的国家来说，几千万美元也是不可承受之重，对于这些国家来说，第 2、第 3 代战机依然承担着空防重任。

在中国，战斗机被称作歼击机。1956 年歼 5 问世，中国成为当时世界上少数几个能够成批生产喷气歼击机的国家之一。之后的二三十年间，中国相继生产了大量的歼 6、歼 7 和歼 8 等机型，这些仿自苏联米格战机的空中卫士为中国的空防做出了巨大的贡献。然而，历史的车轮滚滚向前，改革开放后，中国才猛然发现，欧美国家已经普遍装备性能优异功能强大的四代机如 F-15/16，这对中国的歼 7、歼 8 战机形成了碾压性的优势。中国的战机曾经与世界同步，而如今已经落后世界一个时代。痛定思痛，为赶上世界先进水平，中国开始了艰苦卓绝的国产战机歼 10 的研发。1998 年歼 10 首飞成功，2004 年歼 10 开始装备空军。作为中国第一种完全独立开发、自主研制的战斗机，歼 10 的成功标志着中国航空工业从蛰伏到开始腾飞！2011 年中国最尖端战机歼 20 首飞成功，2018 年开始列装空军作战部队。歼 20 这一比肩美国 F-22 的隐身机见证了中国进入新世纪后航空工业的飞速发展，中国的航空工业已经从跟跑过渡到并跑，未来在第 6 代战机上，中国能否实现领跑？我们拭目以待！

3.6 空中重炮——轰炸机

轰炸机，顾名思义是对地面或水上目标实施轰炸的军用飞机。按载弹量和航程分类，轰炸机可分为战术轰炸机、战役轰炸机和战略轰炸机。前两者载弹量小航程近，已基本被现代战斗轰炸机和攻击机取代。随着中远程导弹的发展，各国已将战略打击的重点转移到导弹上来，目前只有美俄中三国依然拥有战略轰炸机。

战略轰炸机是名副其实的空中重炮，载弹量在 10 吨以上，个别轰炸机甚至载弹量超过 40 吨！航程一般超过 8000 千米。战略轰炸机是三位一体核打击的重要一环，不管在战争期间还是在和平时期，它都具有不可小觑的威慑力量，是一个大国不可缺少的政治手段。著名的战略轰炸机有美国的 B-52、B-1 和 B-2，以及苏俄的图 95、图 22M 和图 160。

图 3-13　B-52 轰炸机

B-52 同温层堡垒，是美军第 1 代战略轰炸机，1955 年交付使用，且时至今日依然是美空军战略轰炸的主力。如此一款"老爷机"，有何能耐让财大气粗的美国舍不得将其退役？ B-52 廉颇虽老，然尚能战！其最大航程超过 16 000 千米，可实现全球到达；载弹量高达 31.5 吨（最新型 B-52H），在美国轰炸机三剑客中仅次于 B-1B 枪骑兵。此外，B-52 虽然没有 B-2 幽灵的隐身外形和 B-1B 的超音速突防能力，但这名老兵现在可在防区外发射巡航导弹，无须冒着防空炮火飞临战场，从而能够在现代战争中取人首级于千里之外，而自己金身不破。有如此的能耐，让其退役岂不可惜？美空军计划让其服役到 2050 年。

B-52 在越南战争中以臭名昭著的地毯式轰炸给越南人民带来深重的灾难，而 1999 年 5 月 8 日，几颗罪恶的"JDAM"制导炸弹从一架轰炸机上投下，从不同方位击中我国驻南斯拉夫联盟大使馆。这架轰炸机就是美国第 3

代战略轰炸机：B-2 幽灵。

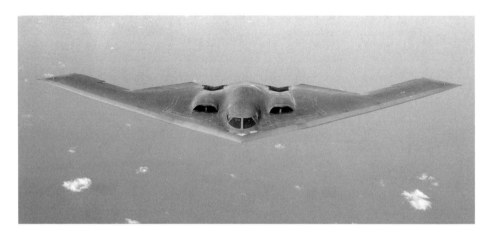

图 3-14　B-2 轰炸机

B-2 是当今世界最具威胁性的轰炸机，原因是它的低可探测性，即隐身性。B-2 是世界上唯一的隐身战略轰炸机，可如幽灵般穿透敌方严密的防空系统，对重要目标实施攻击，来无踪，去无影，令人不寒而栗。该轰炸机由美国诺斯罗普格鲁门公司研发，1997 年开始服役，共生产 21 架。每架造价为24 亿美元，若以重量计，B-2 的重量单位价格比服役时值的黄金还要贵两至三倍。B-2 为实现隐身，采用飞翼布局，不设外挂点，内部弹舱最大载弹量23 吨。B-2 在空中不加油的情况下，作战航程可达 1.2 万千米，空中加油一次则可达 1.8 万千米。每次执行任务的空中飞行时间一般不少于 10 小时，美国空军称其具有"全球到达"和"全球摧毁"能力。B-2 是 20 世纪 80 年代的科技产物，然而其科幻而怪异的外形、强大的性能，时至今日仍堪称不可思议！

中国目前唯一的战略轰炸机是轰 6。该机是在苏联图 16（图 3-15）的基础上发展而来，航程超过 8000 千米，载弹量 12 吨左右，且可挂载 6 枚"长剑 10"巡航导弹（轰 6K），是中国核三位一体的重要组成部分。如同美国的

B-52，轰 6 也是中国空军中的老兵，几十年来为中国的空防安全做出了巨大的贡献，然而该机毕竟基于 20 世纪 50 年代的图 16 改进而来，机型设计和发动机均已落后，我们不能说不期盼继任者。2018 年 5 月 8 日，为庆祝西飞集团"六十大寿"，中国航空工业集团发布宣传片《大国起飞》，视频结尾出现一架被布遮盖起来的飞翼布局的神秘机型，这架神秘感十足、造型科幻的大飞机配合"THE NEXT……"字样，是不是就是我国下一代战略轰炸机轰 20 呢？我们拭目以待。

图 3-15　图 16

3.7　潜艇杀手——反潜机

反潜机是用来搜索、标定和攻击潜艇的特种军用飞机。现代化的大型反潜巡逻机是集高技术于一身的产品，世界上只有美国、俄罗斯、英国、法国、日本、中国这 6 个国家能制造，而尤以美国的反潜机最为先进。

美苏冷战期间苏联的海军装备发展思路跟美国不同，苏联对潜艇的重视

程度远超航母，冷战高峰期，苏联建造了多达 360 艘潜艇，其中包括数量众多的核潜艇。这些装备大量导弹的"大鱼"在大洋深处游弋，神不知鬼不觉，对美国航母甚至整个美国的国家战略安全都造成了极大的威胁。

为应对苏联潜艇的威胁，美国发展了一系列的反潜机。最为著名的当数 P-3C 猎户座和为替代猎户座而研发的 P-8 海神。

P-3C 猎户座是 P-3 系列反潜机中生产数量最多的一型，1969 年服役，时至今日仍然是美海军现役陆基远程反潜机的主力。该机由洛克希德公司研制，改自自家的一款涡桨客机"L-188 Electra"。与民航机的显著区别是，该机尾部有一"长棍"，这也是多数反潜机的显著标志。此棍其实是磁异探测仪。由于潜艇多数由磁性金属做成，它的存在必定会引起地磁场的异常，磁异探测仪能将潜艇经过海域引起的磁场强弱变化转化为强弱变化的电流，从而发现潜艇的存在。

P-3C 搜索潜艇的另一利器是声呐浮标系统。潜艇在大洋深处，通过目视完全不可能发现，那就需要一些非常的手段，最精确的是声呐浮标。声呐浮标被抛到海域中后，可被动接收来自潜艇的声音信号，从而定位潜艇在何处，也可主动发出声波信号，以接收潜艇的反射信号，进而对潜艇进行定位。P-3C 可携带多达 48 枚声呐浮标。

P-3C 服役以来战功赫赫，但任何先进装备都有老化过时的时候。进入新世纪后，美国开始筹划研制 P-3C 的后继机型，美国海军对这一机型的定义为"多任务海上巡逻机"。经过竞争，波音公司的方案胜出，新机型最终被命名为 P-8"海神"巡逻机。

"海神"以波音 737-800 喷气式客机为平台，不仅成熟度高，速度也比涡桨飞机快得多，对潜艇的搜索打击能力更强。在进行反潜作战时，一架 P-8 巡逻机可监控 64 个被动声呐浮标、32 个主动声呐浮标，反潜效能超过 3 架 P-3C。在武器配置方面，P-8 的 5 个内置武器挂点和 6 个外挂点可挂装反潜鱼雷、炸弹和水雷等武器，并可发射"鱼叉"反舰导弹打击敌方水面舰艇。

图 3-16　P-8 反潜巡逻机

　　"海神"于 2013 年开始服役，其强大的性能引起众多国家的兴趣，目前已出口澳大利亚、印度、挪威、英国和新西兰等国。

　　中国长久以来在反潜机方面存在较大的机型缺口，随着海上斗争的日益激烈，中国海军对这种机种投入了越来越多的关注。2012 年 6 月基于运九平台的"高新 6 号"研制成功，使中国成为能够制造大型反潜机的第 6 个国家。"高新 6 号"的整体性能已达到甚至超过 P-3C 猎户座，但与"海神"相比仍有较大差距。

3.8　空中鹰眼——预警机

　　预警机即空中指挥预警飞机（Air Early Warning，AEW），是指拥有整套远程警戒雷达系统，用于搜索、监视空中或海上目标，指挥并可引导己方飞机执行作战任务的飞机。

　　陆基或舰载雷达，受制于地球曲度，对低高度目标的探测距离最远到达天地线，假如受到地形如山地阻拦，探测距离会更短。为解决这一问题，就把雷达搬上了天，即放置在高空飞行的飞机上，这就诞生了预警机。

提到预警机就不得不提现代战争的分水岭——贝卡谷地之战。

1982年6月9日，以色列准备打掉叙利亚在贝卡谷地的"萨姆-6"导弹基地。无人机率先出动，飞往基地上空，诱导叙利亚雷达开机，并趁机将制导雷达的频率等信息传输给等候在空中的"E-2鹰眼"预警机，预警机又把数据同步传到正在升空的F-4鬼怪战斗机，战斗机上的"百舌鸟"反辐射导弹沿着"萨姆-6"制导雷达的波束闪电般飞来。预警机还把数据同时传给了埋伏在一座山脉背面的"狼"式地地导弹。这些"狼"从另一个方向扑向贝卡谷地。

图3-17　E-2鹰眼

不可一世的"萨姆-6"转眼间就被"百舌鸟"和"狼"的怪叫声给淹没了。叙利亚战机匆忙升空，"E-2鹰眼"预警机立即指示在它上空的电子战飞机对其实施强烈的电子干扰。叙利亚的战机立马变得眼瞎耳聋，以色列的战机则如入无人之境，对前者进行了疯狂的屠杀，一个惊世骇俗的空战纪录诞生了——82∶0。

这就是震惊世界的贝卡谷地之战，从此之后世界空战进入了高科技时代，而预警机这一"空中指挥所"则正式成为空军各军种的灵魂。

贝卡谷地之战后，世界各地又发生了一些局部战争，如20世纪80年代美国针对利比亚的草原烈火行动和"黄金峡谷"行动，1991年的海湾战争，以及1999年的科索沃战争。在这些战争中，美国人充分利用预警机以及电子战飞机，取得了绝对性的胜利。

图3-18　费尔康预警机

这些战争让我国意识到预警机的重要作用，于是20世纪末，我国决定购买以色列的费尔康预警机。以色列的这种预警机用波音707作为平台，只不过它不是把雷达放在机背上，而是放在机鼻子上。双方的购买协议已经签好，但由于种种原因，购买最终未成功。这件事情给中国一个深刻的教训，那就是高科技装备是买不来的，必须要自己做，自己研究。在广大科研工作者的不懈努力下，2003年中国自主研发的空警2000问世，这款预警机的性能已经进入世界一流预警机的行列。

之后的中国预警机事业屡上新台阶，先后研制了空警-200、出口型ZDK-03以及空警-500。当前中国的预警机除了载机有待更好的平台外，技术水平已达世界先进水平。

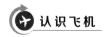

3.9 后勤保障——军用运输机

军用运输机是用于运送军事人员、武器装备和其他军用物资的飞机。现代战争由于突发性强、节奏快、物资消耗巨大，对大型军用运输机的依赖越来越强。从某种意义上讲，一个国家空中输送能力的大小，在某种程度上已经成为决定战争胜负的重要因素之一，正因如此，世界各军事大国均极力谋求拥有或具备研发生产大型军用运输机的能力。

从世界范围看，最优秀的大型军用运输机是美国的 C-17 环球霸王 Ⅲ。从载重数据上看，C-17 最大载重 77 吨，次于美国最大的战略运输机 C-5 银河。后者的数据是 129 吨（C-5 的最新改进版 C-5M）。很明显，C-17 的载重比 C-5 有所欠缺，但除此之外，C-17 再无缺憾。C-17 运输机的作战范围和功能涵盖了过去的 C-5 运输机所具有的一切，融合战略和战术空运能力于一身，是当今世界上唯一可以同时适应战略、战术任务的运输机，论功能之强大，无出其右者。

图 3-19　C-17 环球霸王 Ⅲ

20 世纪 90 年代以前，美国空军的运输体系是由 C-5 银河、C-141 运输星和 C-130 大力神构成，在执行全球空运任务的时候，首先由 C-5 负责洲际间的远程战略空运，随后转由 C-141 运输到战场的后方基地，最后转由 C-130 最终运输到前线。这种三级航空运输体系有烦琐、耗时长、需要更多的前线基地等缺点。正如如今中国的快递体系，举个例子，要将网上所购物品从北京快递给从化的买家，北京的快递公司需要先将物品空运到广州，广州快递分公司用大货车，将物品送至从化市，最后快递员用电瓶车，将物品走街串巷送到买家小区自取柜里。有没有点对点的一站式物流？

1993 年 7 月 14 日，麦道研发的 C-17 环球霸王 Ⅲ 开始服役，而 C-17 正是一款在美国空运体系中实现一站式物流运输的神奇飞机。航程方面，C-17 的航程媲美 C-5 和 C-141，超过 1 万千米，且有空中加油能力，完全可以实现洲际到达。载重方面，C-17 的最大载重 77 吨超过 C-141，仅次于 C-5，也能够运输美军军中的大型装备如 M1 坦克。起降性能，更是 C-17 的一绝，C-17 可从 2360 米长的跑道起飞，而其着陆时对跑道长度的要求只有 914 米！而且 C-17 对跑道强度的要求也不高，它可从野战机场未铺砌的简易跑道上起降，且不分昼夜！

C-17 的问世使 C-141 最终寿终正寝，简化了美军三级航空运输体系，使美军的全球战略运输能力达到了一个新的高度。

中国当前最著名的大型军用运输机是运 20，服役于 2016 年。运 20 的问世使中国成为少数几个有能力研发战略运输机的国家之一。从公布的数据看，运 20 的运载能力和航程高于俄罗斯的伊尔 76（图 3-20），但由于缺乏类似 C-17 的 PW2040 性能优异的发动机，运 20 尚无法与 C-17 比肩。然而，运 20 毕竟研发得晚，在空气动力学、材料应用和航电等方面的后发优势是 C-17 无法比拟的，待到国产涡扇 20 投入使用后，中国将拥有可媲美 C-17 的同时具备战略和战术运输能力的大型军用运输机。

图 3-20　伊尔 76

3.10　移动油库——空中加油机

空中加油机是天空中移动的油库，没有它，再优秀的战机也无法在作战半径外大显身手。所以空中加油机堪称战力倍增器，可以大幅度延伸作战飞机的航程以及作战半径。可以说空中加油机的数量和质量，直接关系到一支空军远程作战能力的强弱。

当前空中加油能力最强大的国家，非美国莫属。美国空军，拥有着世界上最大规模的空中加油机队，包括了 KC-135、KC-10 等多个型号，数量超过了 700 架。KC-135 是波音 707 的孪生兄弟，1957 年开始服役，当前是美空军中数量最多的加油机，保有量超过 400 架。每架 KC-135 最大供油量超过 50 吨。KC-10 是美国当前最大的空中加油机，是麦道公司在其客机 DC-10 基础上发展而来，于 1981 年开始服役，最大供油量 88 吨。

图 3-21　KC-135 加油机

为取代老旧的 KC-135，波音开始给美国空军生产下一代空中加油机，即 KC-46。该机的最大供油量在 KC-135 和 KC-10 之间，但相比前两款传统的加油机，KC-46 不但可以加油，还能肩负起货物运输和医疗运送的重任。此外，该机同时配有软管加油和硬管加油两套系统，加油效率大幅度提高。该机甚至设计装备有电磁脉冲防护设备和红外对抗和无线电射频告警等防御设备，从而大大提高了其战场生存能力。KC-46 预计 2018 年年底交付使用，如果能够按照计划装备部队，那么美军空中作战和联合作战能力将有大幅的提升。

相比美国，中国在加油机领域落后太多，甚至比中美在轰炸机领域的差距还要大。我国目前只有 20 余架轰油 -6 和 3 架二手伊尔 78 空中加油机（图 3-22）。数量差距已是十分巨大，质量差距也非常明显，轰油 -6 的最大载油量仅为 37 吨，供油量为 18 吨，大大低于美空军三款加油机中的任一款。此

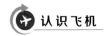

外，中国这两款加油机均为软管式加油，每分钟加油 1500~2000 升，效率较低。而硬管式加油可达每分钟 6000 升！最后，制约我国加油机发展的最大瓶颈是载机平台。加油机最好的载机平台是大型民航客机，如美国最好的加油机 KC-46 由波音 767 改造而来，欧洲最优秀的加油机 A330MRTT 由空客330-200 发展而来，而中国的民机正处于起步阶段，C919 尚未完成试飞，且本身机体过小。空军只能被迫用轰炸机或运输机改造成加油机。

中国空军加油机的更新换代有赖于中国民机的发展，而后者虽然起步晚，但发展迅速，支线客机 ARJ 已经服役，C919 正在加紧试飞，而 2017 年大型宽体机 CR929 也已经立项。相信，再过一二十年，CR929 将波音 787 和空客350 逐出中国天空时，中国的大型空中加油机已随中国的战略空军巡航蓝天。

图 3-22　伊尔 78 加油机

扫码看彩图

第四章

识别飞机
——世界主流及经典民机鉴别

本章带领大家认识飞机的型号。看到一架飞机的图片，马上就可以识别出这是什么机型，本章就教会你这个本领。当然世界上飞机实在是太多了，可能有几百万架，型号有上千种。我们要鉴别的，是当前世界各国航空公司使用的主流的民航客机，以及一些虽然已经退役或被淘汰，但在历史上曾经显赫一时的著名机型。

本章主要有以下几方面的内容：首先，介绍波音与空客机队。当今世界各国使用的民航客机要么是波音，要么是空客，因此需要对波音、空客机队进行简单介绍。其次，讲解如何迅速区别波音和空客飞机。再次，讲解如何辨认波音、空客机队的具体机型。波音飞机型号众多，我们要辨认具体机型，如，这是波音 717 还是 727 还是 737？如果是空客，它是 300、310 还是 380？最后，介绍其他机型。因为除了波音、空客，曾经有一些飞机也相当著名，并被航空公司大量使用过，在航空史上留下了浓墨重彩的一笔，我们也不应该忘记它们。

4.1　一马当先——波音家族

波音公司成立于 1916 年，大家算一算，到今年 2018 年它已经多少岁了？102 岁。如果说波音已经是一个百年老人的话，空客则正值中年，48 岁。大家可以算得出来空客是哪一年诞生的，1970 年。相比波音，空客还是相当年轻的，虽然年轻，但在全球民航干线客机市场上，空客跟波音完全做到了分庭抗礼、平分天下。

波音不但生产民航客机，也是世界著名的军火巨头。它在军用飞机领域同样是世界领袖，比如著名的 B-52，8 发的美国战略轰炸机，"二战"期间在

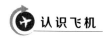

日本扔原子弹的 B-29 轰炸机，以及 B-17 飞行堡垒，这些全都是波音的产品。美国三代主战飞机 F-15 鹰，也是波音的产品。美国目前最主要的舰载战斗机 F/A-18 大黄蜂还是波音的，所以波音了不起。

波音成立早期主要生产军用飞机，在第二次世界大战期间生产 B-17 和 B-29 等轰炸机，大发战争横财。"二战"结束之后，喷气式客机时代到来。波音倾入战争中所赚利润的 2/3，向喷气式客机发起冲击，之后的结果就是波音首款喷气式客机 707 的问世。

图 4-1　波音 707

波音 707 是波音生产的第一款喷气式客机，1958 年交付使用。需要注意的是，波音 707 并不是世界历史上第一款喷气式客机，而是波音生产的第一款喷气式客机。世界上第一款喷气式客机是英国的彗星号。彗星号由于事故频发导致销量惨淡，波音 707 则相当成功，它的销量突破了一千架。我们可以认为波音 707 是世界上第一款在商业上取得成功的喷气式客机。

接下来是波音 717。波音 707 的服役时间是 1958 年，但波音 717 到 1999 年才交付使用，间隔长达 40 年！而波音 727 在 1964 年就交付使用了。事实上，波音 707 研制之后，波音接下来研制的是波音 727，而不是波音 717。原因在于波音 707 的原型机的另外一个改型是美国空军的加油机 KC-135。这款加油机在波音内部的代号就叫波音 717。

图 4-2　波音 717

　　1999 年交付客户使用的波音 717 其实是麦道的产品。1996 年波音收购了麦道，麦道当时正在研发一款飞机叫麦道 95，波音收购麦道之后继续研发这款机型，定型之后就叫波音 717。

　　波音 727 是继波音 707 之后推出的第二款客机。波音 727 著名的特点是三发，且 3 个发动机全部放在机尾。波音 727 是世界上第一款销量突破一千的喷气式民航客机，世界各国的航空公司都曾经大量采购过，但是中国大陆的航空公司没有采购过一架。

　　如果你想看波音 727 这款飞机究竟长什么样子，你只能去中国民航大学。在民航大学的停机坪上有一架波音 727，这是美国快递业巨头 FEDEX 退役的一架波音 727，把它赠送给了中国民航大学。这是中国大陆唯一的一架波音 727。中国台湾曾经采购过一些波音 727，有一架波音 727 曾经是蒋介石的专机，这架飞机退役后被赠送给"中华科技大学"作教学用机。

图 4-3　波音 727

接下来是波音 737，世界上最畅销的喷气式客机。在国内坐飞机，有一半的机会会乘坐波音 737。它的销量到目前为止突破了一万架，它的当前价格大约在一亿美元。光这款飞机就卖了一万架，可想而知波音是一个商业帝国，它每年的营业收入超过世界上绝大多数国家的生产总值！

图 4-4　波音 737

接下来是 1970 年投入运营的空中女皇波音 747。波音 747，是世界上第一款宽体客机。什么叫宽体客机？指客舱里面有两条通道的飞机。之前所有的飞机，客舱里面只有一条通道。两条通道就意味着飞机特别宽敞，载客量特别大。波音 747 最大载客量可以达到 450 人左右！

这款飞机实际上是诞生于一场豪赌。

当时波音公司竞标美国空军的一个大型运输机项目。竞标失利。波音把运输机设计方案改造成一层半客机，并鼓动一些航空公司购买它的这款飞机。后来波音找到泛美航空公司，泛美正急需大载客量的跨洋飞机。泛美老总说："这么大的飞机，你只要敢造，我就敢买。"波音总裁说："你只要敢买，我肯定敢造。"于是波音 747 横空出世。因为这款飞机实在是太大，它甚至可以背负航天飞机进行飞行。巨无霸波音 747 统治天空长达 35 年，一直到 2005 年空客 380 问世，它的世界最大客机的王位才被 380 夺去。

图 4-5　波音 747

波音 757 跟 767 入役时间相差一年，分别是 1982 年、1983 年。它们的特点是驾驶舱是通用的，机身、机型基本相同（767 胖些），所以缩短了飞行员的改机型培训时间。

图 4-6　波音 757

波音 777，1995 年交付。它的研发是波音史上第二次豪赌，事后证明波音再次押对了宝，赚得盆满钵满。波音 777 是世界上最大的双发客机，使用两台巨大的发动机，尤其是 77W 的 GE90-115B，堪称一绝。

图 4-7　波音 777

波音 787 是目前波音旗下最新的一款机型。这款飞机是一款划时代的飞机,主要原因在于其机身有一半材料是复合材料,它被戏称为塑料飞机。相比铝合金,复合材料强度高、质量轻。所以这款飞机特别省油,航程极远。它使飞机做到了中型飞机可以跨太平洋飞行。过去飞越太平洋必须使用3发或者4发的飞机,或双发的大型宽体波音777,但现在波音787一样可以做到。

图 4-8　波音 787

4.2　后来居上——空客家族

空客集团成立于 1970 年。空客于 1974 年交付给客户的第一款旗下产品叫空客 300。这款飞机是世界上第一款双发宽体客机。所以空客有别于波音,它一开始就有大动作!取名 300 是因为这款飞机设计载客量 300 人。

空客集团对 300 寄予厚望。但问世之初,除了生产国航空公司少量购买外,A300 几乎无人问津!一是因为人们对双发宽体机可靠性和性能的怀疑,二是因为人们对波音和道格拉斯之外的飞机制造商不信任。后来空客想出了一个办法,它免费租给美国的东方航空 4 架,说:"我们的飞机 300,不要钱,你免费用。用得好,可以买。感觉不行,再退租。"

图 4-9 空客 300

　　租车都不便宜，何况是飞机呢。免费租赁简直是天上掉馅饼！东方航空自然愉快地答应了。东方航空运营后发现，这款飞机的性价比超过他们的预期。于是乎，美国的市场就这样被打开了。与此同时，第二次石油危机的爆发导致航空煤油价格暴涨，相比三发四发飞机，空客 300 的燃油经济性高很多。所以在这种大背景之下，空客 300 就开始在全球市场大卖特卖，取得了巨大的成功。

　　空客 310 是空客 300 的缩短版。因为很多公司反映，他们不需要这么大的载客量，航程也不需要那么远，能不能把飞机改小点？于是空客就在 300 基础上削短机身，于 1983 年推出了空客 310，它的载客量为 200~250 人。这款飞机，销量也不错。

　　1988 年空客推出了一款畅销机型叫空客 320。我们认为空客 320 是仅次于波音 737 的市场销量最大的一款喷气客机。时至今日，空客 320 依然是绝大多数航空公司必备的一款机型，比如说春秋航空和吉祥航空，这两家公司机队里是清一色的空客 320。另外，三大央企之一的中国东方航空，空客 320 也占了其半壁江山。

　　空客 320 得以载入史册的一大贡献是率先使用了电传操纵，即将飞行员的操纵指令转换为电信号以操纵飞机，这在世界客机史上是具有开创意义的。这种技术减少了笨重复杂的机械传动链接，便于和飞机上其他系统交联，为实现主动控制技术提供了条件，提高了操纵效率，与此同时减轻了飞机重量，其好处显而易见，所以到后期波音也不得不跟进。

图 4–10　空客 320

1993 年空客推出了空客 330 和 340。这两款飞机的推出目的是为了替代空客的元老：300 和 310。空客 330 市场表现优异，至今销量已过千。而 340 则比较尴尬，因为 340 背负着挑战波音 747 的霸主地位的使命。波音 747 是四发的巨无霸，所以空客也要研制四发的，尤其是后来的空客 340–600，最大起飞重量也接近波音 747，达到 365 吨，载客量也达到近 400 人。但是事实表明 340 没有被四发的 747 击败，却被双发的 777 击败。1995 年波音 777 入役之后，空客 340 销量大减。因为双发已经能够跨洋了，四发就没有存在的必要了，并且四发飞机的耗油量远大于双发的，所以空客 340、波音 747 这种四发飞机越来越没有市场。东方航空曾经运营过十架左右的空客 340–600，到目前为止全部退役了。过去东航用空客 340–600 飞纽约，现在全部换成了波音 777。

图 4-11　空客 340

330 和 340 之后，空客研发的新机型并不是 350，而是 380，为什么是 380？按照空客公司的惯例排序，新型客机的名称应该为 350，但据空客透露，走过千年，跨入新世纪，空客在技术上也需要一个大的飞跃，所以要跨过 350，应当取名为 360。但是，360 在英语里是转圆圈的意思，空客当然不愿意只转圆圈。接下来应当是 370，然而，在空客的眼里，7 和竞争对手波音有着标志性的联系，波音公司的飞机开头数字都是 7。再往下是 8，"8" 在亚洲尤其是大中华文化圈内是有口皆碑的吉利数，因此这款大客机便取名为 380。

图 4-12　空客 380

空客 380 最大起飞重量达 560 吨，一举取代波音 747 成为新的空中女皇。

空客的最新机型是 350，它的问世目的是为了替代空客 330 和 340，另外它肩负的另外一个使命是与波音 787 竞争。波音 787 在交付第一架飞机之前，已经有接近一千的订单量，所以被誉为史上卖得最快的飞机，这给空客带来严重的威胁，尤其是它的 330 系列。所以，空客研发出了 350，也是大量使用复合材料，也是一款中型客机，但是一样可以跨越太平洋。2014 年首架空客350 已经交付给启动客户卡塔尔航空。

图 4-13 空客 350

这就是整个空客家族。可以看出，空客跟波音的一个重大区别就是：空客的家族成员绝大多数都是宽体机，只有一款窄体机 320。

4.3 火眼金睛——波音 VS 空客

识别具体机型前，首先要了解波音和空客机型的区别。有人说，不管波音还是空客，在我眼里都一个模样，都有机翼尾翼发动机，这怎么区别？太困难了。类似的情况其实很多。比如到了国外之后，你可能觉得外国人长得都一样，怎么区别？事实上，真的一样吗？当然不一样，区别很大。同理，

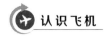

辨别波音和空客主要看它们的显著区别特征。

第一个显著区别特征是驾驶舱的最侧面窗。波音跟空客在最侧面窗的设计上是不一样的。空客驾驶舱的最侧面窗是五边形，且底边是平的。而波音跟它明显不一样。波音的最侧面窗是一个四边形，且底边是向上斜的。这就是辨别波音跟空客的一个很好的办法。大家在机场候机时，如果能看清机坪上飞机的驾驶舱窗户，就可以采用这个方法来快速辨别波音和空客。

图 4-14　空客飞机

图 4-15　波音飞机

但是有四款机型不按常理出牌，不能用这个方法来辨别，分别是：空客380，波音747，空客350，波音787。前两款都是巨无霸庞然大物，太明显，我们不需要通过窗户来识别。空客350的最侧面窗是半圆形，且整个驾驶舱窗户有黑边框，所以人称空客350"墨镜侠"。波音787的最侧面窗户是一个钻石形，且787驾驶舱窗户只有4块风挡玻璃。

图 4-16　空客 350

第二个显著区别特征是打开的前登机门。如果前登机门打开锁定后，机门内壁依然在内侧，则这是一架空客飞机。如果机门内壁在外，则这是一架波音飞机。所以当你看不清驾驶舱窗户时，可以采用这个方法。但注意，有一个例外，那就是波音787。787前登机门打开后的放置方式与空客相同。

图4-17　波音飞机前登机门

第三个显著区别特征就是甚高频天线。机背上方有一个刀状的突起，这就是甚高频天线，它是飞行机组成员跟地面的管制员进行陆空通话用的发射机的一个天线，如果没有它，飞行员跟管制员是没法进行通话的。空客把甚高频天线放在机头上方，或者说离机头非常近。而波音的甚高频天线离机头相当远，甚至放到了机身中部的位置。所以通过这个特征也可以快速识别波音和空客。

图4-18　空客飞机

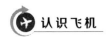

最后一招，也就是第四个区别特征是翼尖频闪灯。有人说白天识别飞机容易，晚上怎么办，尤其是黑夜中飞行的飞机？怎么识别它是一款波音飞机还是空客飞机？晚上我们也有一个办法，就是看飞机机翼最尖端处，我们叫翼尖（Wingtip），翼尖上装有频闪灯。波音的设计理念是一次闪一下，闪一下之后过一段时间再闪一下，当然隔的时间非常短，可能只有一秒钟。但空客是一次闪两下，两下快闪，然后再过一段时间，再快闪两下。所以在晚上可以通过这种方法来区别波音和空客，但前提是飞机高度不要太高。如果太高，已经到巡航高度上去了，已经到了万米高空，连飞机都看不见了，更不用提频闪灯了。

图 4-19　波音飞机

4.4　明察秋毫——波音空客全系列

区别好波音和空客之后，接下来就要辨认具体的机型。

如同辨认波音和空客，辨认具体机型也需要寻找识别特征，特征包括：发动机的布局、发动机进气道的形状、APU 的尾口、客舱层数、起落架舱门、尾椎形状、发动机数量、主起落架布局、翼尖小翼的形状和单侧舱门数量。

（1）发动机布局及进气口形状

首先看发动机布局。波音跟空客所有的型号里面，只有两款飞机发动机是安装在飞机尾部的，我们管这种布局方式叫尾吊式布局，英文叫Tail-mounted。这两款飞机一个是波音717，一个是波音727，这意味着空客所有飞机的发动机布局都是翼吊式（Wing-mounted）。接下来看如何区别波音717和727。很简单，717是双发，727是三发。

但我们在国内坐飞机，永远不可能碰到这两款飞机，因为我们国家没有引进过。即使是环球旅行周游列国，你碰到这两种飞机的可能性也极少，因为飞机太老，已经被淘汰了，尤其是波音727，除非去一些被欧美制裁的国家，比如说伊朗，由于飞机禁售，只能继续运营这些老爷机。

图4-20　波音727

除了波音717和727，波音和空客家族的所有其他喷气客机的发动机全是翼吊式。

其次看发动机进气口的形状。一般来说发动机进气口是纯圆的，但有一个异类是扁的。这种发动机好像被人按在地上，底部都被压平了。什么飞机

图 4-21　波音 737

用这种古怪的发动机？波音 737 家族的 100、200 型号之外的所有机型都用这种发动机。波音 737 是一个庞大家族，包括 100、200、300、400、500、600、700、800、900，以及 MAX，可谓人丁兴旺。但这个家族有个祖传缺陷：腿短，就是起落架较低。一开始倒也不是问题，因为 100 和 200 用小涵道比的细长型的发动机，但从 300 开始换装大涵道比 cfm56 发动机，进气口特别大，离地面非常近。这样事情就严重了，因为容易把道面上的污染物吸进去。为了解决这个问题，设计师只好把发动机底部压扁了，这样好让发动机离地面高一点。

（2）APU 尾口

第三个特征是 APU 尾口数量。APU 是何方神圣？飞机的尾巴并不是实心的，而是藏着一台小机器，一个叫 APU 的燃气涡轮机。APU 的主要功能是在危急时刻给飞机供气供电。当飞机空中停车之后，是不是必定意味着摔机？未必。因为 APU 会立即挺身而出，提供高压空气力图重新启动发动机。另外 APU 也可以驱动发电机给部分飞机系统持续供电。

APU 并非只进不出，它既然是燃气涡轮机，就要进行排气。飞机尾椎上必定有一个口是给 APU 排出废气的。绝大多数飞机尾椎上只有一个尾口，但波音 737 再次剑走偏锋，它有两个尾口，如图 4-22 所示。它多的那一个尾口在排气口的上方，是用来进气的！APU 作为燃气涡轮机在工作期间产生大量的热量，需要冷却空气带走，这个进气口叫 Cooling Air Inlet，就是冷却空气的入口。

图 4-22　APU 尾口

众所周知，波音 737 家族人丁兴旺，其子型号多达十几个，但只有737NG 也 就 是 737-600/700/800/900 有 两 个 APU 尾 口。737 的 初 始 版100/200、经典版 300/400/500 以及最新的 MAX 均为单口。

（3）客舱层数

第四个特征是客舱层数。就是看客舱有几层客舱，是一层、一层半还是两层。

99% 的飞机是单层客舱，登机后所有的乘客都在同一层客舱就座。但是有两款飞机骨骼奇特。一款是波音 747，它有一层半客舱，上面有半层构成了波音 747 著名的鹅头标志。另一款是空客 380，它有两层客舱，使得这款飞机显得特别肥胖。但事实上，这两款巨无霸飞机实在是与众不同，大家一眼便可识别。

（4）起落架舱门及尾椎形状

第五个特征是主机轮舱门。为增加气动光滑性，设计师会给机轮舱设计舱门，起落架收起后，舱门盖上与机身合为一体，可以减少飞行阻力。绝大

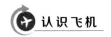

多数飞机是有主机轮舱门的，但波音 737 再次令我们大跌眼镜：它没有！原因当然还是由于它腿短，设计主机轮舱门太困难。

假如你住在机场附近，当你抬头看到飞机的腹部有两个黑色的圆圈的话，这架飞机肯定就是波音 737，因为这两个黑色的圆圈就是 737 的两个毫无遮掩的主轮。

图 4-23　波音 737

第六个特征是尾椎的形状。多数飞机的尾椎是圆锥状的，但有两款飞机的尾椎是扁的或者叫刀状，这两个特立独行者是波音 777 和波音 717。那么如何区别 777 和 717？很简单。波音 717 的发动机布局是少见的尾吊式，另外在国内坐不到，世界各地也基本快绝迹了，因为 2006 年就已经停产了。而波音 777 正在大行其道，世界各国正在广泛使用，中国三大航都有相当数量的波音 777，它是中国跨洋飞机的主力机型。

图 4-24　波音 777

（5）发动机数量

第七个特征是发动机数量。

四发的飞机有四款，分别是空客 380、波音 747、空客 340 和波音 707。前两款太出众，大家一看便知。空客 340 和波音 707 如何区别？波音 707 垂尾上方有根针，实际上是一根高频天线。而空客 340 垂尾上是没有针的。可以通过这个方法来区别空客 340 和波音 707。

图 4-25　空客 340

三发的飞机只有一款，那就是波音 727。剩下的皆为双发。

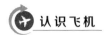

图 4-26   波音 707

目前来看双发飞机是绝对的主流，以后四发三发会越来越少。三发飞机基本绝迹了，因为波音 727 停产了。三发为什么不受欢迎？三发中的中央发动机必然位于高高的垂尾上，对其进行勤务和维修太困难。另外，沉重的发动机位于垂尾上，垂尾的结构必须要加强，无形中增加了重量。此外，飞机在大迎角时，发动机的进气会被机翼遮挡。最后压弯骆驼的一根稻草是三发燃油经济性差！四发就更不用提了。所以，波音 727 已是明日黄花，波音 747 也早已江河日下，面临大规模退役，空客 380 虽属晚辈，但根本无力回天，订单数量已基本停滞。沉舟侧畔千帆过，病树前头万木春。在三发四发远去的背影中，双发如波音 787、空客 350 已如日中天。

（6）主起落架布局及机轮数量

第八个特征是主起落架布局及机轮数量。起落架分为前起落架和主起落架。前起落架对于我们没有参考价值，因为所有客机的前起落架都是单组两轮。主起落架的布局方式和机轮数量则不尽相同，原因在于飞机的重量主要由主起落架承担，所以飞机大小不一，则主起落架布局方式和机轮数量相异。

现代民航客机的主起落架构成都是多轮多支柱式，即机身或机翼下有多根减震支柱，每根减震支柱下附有多个机轮，有几根减震支柱就有几组起落架。最多的是四组，包括波音 747 和空客 380。前者是每组有 4 个轮，共 16 个主轮，而后者由于更重，机身下的两组每组有 6 个轮，机翼下的两组每组有 4 个轮，共 20 个机轮。

以空客 380 为例，主轮 20 个，加上两个前轮共 22 个机轮。22 个机轮撑起了 560 吨的重量，每个机轮承受的静载荷高达 25 吨。可想而知飞机轮胎绝非等闲之辈，其价格必定非常昂贵。

图 4-27　空客 380 主轮

接下来是三组的。有三组主起落架的只有空客 340。但 340 是个大家庭，包括 340-200/300/500/600，其机轮数量并不一样。340-200/300 是两组每组 4 轮加上一组两轮，共 10 个主轮。340-500/600 由于重量显著增加，就多了两个机轮，故是三组每组 4 轮，共 12 个机轮。

图 4-28　空客 340-600

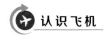

剩下的是两组。所以除了波音 747、空客 380 和空客 340，绝大多数飞机只有两组主起落架。这种两组式布局，又分为三种情况：一种是每组 6 轮，第二种是每组 4 轮，最后一种是每组两轮。

每组 6 轮的是波音 777 和 2018 年刚刚投入运营的空客 350-1000。

波音 777 的每个型号机身下都只有两组起落架，但每组有 3 对 6 轮，像个小推车一样，我们管这种布局叫 6 轮小车。

图 4-29　波音 777

所以波音 777 实际上是相当好识别的一种机型。一是它的刀状尾椎非常明显，二是它的 6 轮小车也很具特色。

空客 350-1000 是空客为狙击波音 777-300ER 而研发的一款大型宽体机，由于重量超过 300 吨，起落架布局也采用了两组 6 轮。

接下来是每组 4 轮。这样的机型就比较多了，如波音旗下的 707、757、767 和 787，空客旗下的 300、310、330 和 350-900。

707 是波音的第一款喷气式客机。其实波音 707 不需要看起落架来识别，因为 707 有两个显著特征，一是四发，二是垂尾有针状天线。

757 和 767 是同时设计的，前者较为瘦长，号称"空中美男子"。另外，757 是"长腿飞机"，也就是起落架较高。767 则无以上特征。

787 的特征也较为明显。首先，驾驶舱窗户特立独行，别的飞机 6 块风挡，它有 4 块！另外，它爱美，发动机带花边！不管是罗罗公司的 trent1000 还是通用电气公司的 GEnx，其整流罩后缘都有漂亮的减噪锯齿。

图 4-30　波音 787

350 的识别较为简单，它是墨镜侠！300、310 和 330 的识别在接下来的章节中会讲到。

最后是每组两轮的，包括波音 717、727、737 和空客 320。波音 717 的发动机是尾吊式布局，727 的发动机有三台。波音 737 和空客 320 的识别则可以参考波音和空客的区别。

图 4-31　波音 727

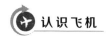

（7）翼尖小翼形状（上）

第九个特征是翼尖小翼的形状。

翼尖小翼，英文叫 Winglet。在英语构词法中，后缀 let 表示比词根小一号的东西，如 piglet，就是猪崽子的意思。有个著名的儿童系列电影叫"小戏骨"，翻译成 starlet，非常贴切。Winglet 是比机翼小得多、位于翼尖的小翼面，叫翼尖小翼。

为什么要设计翼尖小翼？我们知道，飞行中，下翼面压强高，上翼面压强低，这样才能够产生升力，但由于存在压力差，下表面气流总想绕到上表面去，这种企图，最终在翼尖处得逞。但这样就会产生翼尖涡，造成很大的飞行阻力，阻力增大意味着需要额外的推力，额外的推力的产生需要更多的燃油！为解决这个问题，翼尖小翼就应运而生。

图 4-32　翼尖涡流

翼尖小翼并不是波音或空客集团发明的，而是美国航空航天局 NASA 发明的。航天局一个叫惠特科姆的空气动力学家发现，翼尖加装翼尖小翼后会阻挡翼尖扰流，减小翼尖涡从而降低诱导阻力，这样飞机的燃油经济性会提高。于是波音和空客几乎所有的飞机都安装上了这一神器。

目前来看翼尖小翼有五种：第一种叫梯形翼尖小翼；第二种叫翼尖帆式或 C 形翼尖小翼；第三种叫融合式翼尖小翼；第四种叫后掠式小翼，也叫斜削翼尖；第五种叫 AT 翼尖小翼。

　　梯形小翼，顾名思义它的形状是一个梯形。只有三款飞机安装了这种梯形翼尖小翼：波音 747-400、空客 330 和空客 340。

　　波音 747 型号众多，包括 100/200/300/400 以及前几年刚推出的 747-8，其中市场保有量最大的是 1988 年推出的 747-400，该型号安装有梯形翼尖小翼。而前三款由于问世太早没有任何小翼。747-8 也有翼尖小翼，但与梯形小翼有根本的区别。

图 4-33　波音 747-400

　　空客 330 跟 340 是同步设计的，共同采用了梯形翼尖小翼。那么如何区别这两款飞机？很简单，看发动机数量。330 是双发，而 340 是四发。

图 4-34　空客 340

图 4-35　空客 330

　　翼尖帆式或 C 形小翼只用在空客家族中，波音似乎对此不屑一顾。使用这种小翼的机型有空客 320、300、310 和 380。空客 320 家族的318/319/320/321 均使用这种小翼。另外空客早期型号 300 和 310 也使用这种小翼，但比 320 用的小翼显得小，并且非常靠近翼尖的后缘，显得比较含蓄，而 320 的翼尖小翼显得比较大方。巨无霸 380 也采用了这种翼尖帆，当然识别 380 完全不需要看小翼。

图 4-36　空客 320

图 4-37　空客 310

融合式翼尖小翼是波音的独创，拥有自己的知识产权。何为融合式翼尖小翼？很明显，翼尖帆小翼和梯形小翼，尤其是梯形小翼，好像就是把翼尖直接掰上来，也就意味着翼尖小翼跟机翼之间有明显的一条折痕。而融合式翼尖小翼就不存在这个问题了，它是机翼在翼尖处自然地向后向上翘。这样翼尖处会减少一部分干扰阻力了。

率先尝试使用这种小翼的是波音 737NG，也就是 737-600/700/800/900。如果旅行坐到无翼尖小翼的 737，这架飞机很可能是 737-300/400/500，有二十年以上机龄了。757/767 早期不带翼尖小翼，后来有些航空公司也将融合式翼尖小翼安装在其机翼上，以增加航程，提高燃油经济性。

图 4-38　波音 737NG

2016 年 1 月 20 号，空客 320neo 交付启动客户。这位 320 家族的最新成员一改其祖传的翼尖帆式小翼，而是采用其死敌波音 737 式的融合式翼尖小翼，令人大跌眼镜。当然，空客不管这种小翼叫融合式翼尖小翼，而是叫鲨鳍小翼（Sharklet），也宣称其独创性和知识产权。自然，波音不信这一套，两个公司的口水战在所难免。

图 4-39　空客 320neo

2014 年 12 月 22 日，空客家族的最新成员空客 350 交付卡塔尔航空。其翼尖小翼也属于融合式小翼，只是上翘的坡度小一些而已。

图 4-40　空客 350

（8）翼尖小翼形状（下）

后掠式小翼，严格意义上讲不是小翼，它没有往上翘或者往下垂，而只是机翼在翼尖处大幅度地后掠，就像翼尖被斜切了一刀，所以也称斜削翼尖。

波音集团的科学家研究发现，斜削翼尖结构简单但效率更高，鉴于此，波音新机型纷纷采用这种翼尖设计，如波音 787、747-8 和波音 777 的部分机型。

2011 年 9 月，波音 787 交付启动客户全日空。日本成为第一个运营 787 的国家，另外，由于日本参与了 35% 的 787 部件的制造，其民族自豪感大增，更是称 787 这种极为先进的飞机为"准国产飞机"。787 确实称得上是一款革命性的飞机，比如率先取消引气系统，大量使用复合材料等，但斜削翼尖并非是 787 的首创，而是 767-400ER 首创，只是这款飞机销量太差，因而不被人所知。

2011 年 2 月波音 747-8I 下线。这款被称为"洲际客机"的飞机为应对空客 380 在远程航线的挑战而生。其斜削翼尖是区别它与其前辈 747-400 的显著标志。

图 4-41　波音 747-8I 的斜削翼尖

使用斜削翼尖的还有波音 777 家族的 777-200LR、777-300ER 和波音 777X。

图 4-42　波音 777-200LR

波音 777 是一个兴旺的大家族，子嗣众多，包括 777-200、777-200ER、777-200LR、777-300、777-300ER，以及市场翘首以盼的 777X。ER 即 Extended Range，中文意思是延伸航程，LR 即 Long Range，意思是长航程。777-200LR 于 2006 年投入服务，其航程高达 17 500 千米，是史上航程最长的客机。777-300ER 是世界上最大的双发客机，其航程稍逊于前者，但其载客量堪比四发的前辈 747，典型的三舱布局可坐 368 人！它的问世强烈冲击了三发和四发跨洋宽体机的市场，受到航空公司热捧，大型航空公司几乎家家必备。777X 是为应对空客 350 的挑战而研发的机型，尚未交付，但从波音集团的宣传我们可以看出，其翼尖也是后掠式的，并且可以折叠，这在客机史上是绝无仅有的！

图 4-43　波音 777-300ER 的斜削翼尖

AT 翼尖小翼，即先进技术小翼（Advanced Technology Winglet），是波音专为 737MAX 研发的翼尖小翼，其形状酷似放大了的空客 320 翼尖帆式小翼。真可谓"此之砒霜，彼之蜜糖"，空客刚刚抛弃了翼尖帆，拥抱了波音的融合式小翼，波音却将自家的融合式小翼踩在地上，奔向空客的翼尖帆，让人哭笑不得。据波音宣称，AT 小翼综合了融合式小翼与"双叉弯刀"（波音为后期 737NG 开发的小翼，应用较少）技术，在一定航程上比"融合式"小翼还要节省 1.5% 的燃油。但是，这种小翼有一个明显缺陷，其下刀片较长，存在被机坪勤务车辆剐擦受损的风险。

图 4-44　"双叉弯刀"翼尖小翼

（9）舱门数量（上）

第十个特征是单侧舱门的数量。这里的舱门指的是客舱门，包括紧急出口。

舱门的数量反映飞机的长短。如果某款飞机客舱门较多，它未必意味着飞机特别大，但肯定说明飞机特别长。国际民航组织建议，任何飞机在迫降后要在 90 秒内撤离所有乘客。没有足够数量的舱门，这是不现实的。所以，我国民航局规定：任意两个临近客舱门之间的距离不得超过 18.3 米。因此飞机越长，舱门越多。

由于空客 380 与波音 747 易于识别，这里不讨论其舱门数量。

单侧有 6 个舱门的是波音 757-300。这款飞机并非宽体机，最大起飞重

量仅为 123 吨，但机长达 54.5 米，其长度在窄体机中绝无仅有，是世界上最长的窄体客机，也是著名的"空中美男子"。

图 4-45　波音 757-300 和它的 6 个舱门

单侧有 5 个舱门的机型有四款：空客 340-600、波音 777-300、波音 777-300ER 和波音 737-900ER。

空客 340-600 曾经是世界上最长的客机，长达 75.3 米，是著名的"空中法式大长棍"。

波音 777-300 与其延程型 777-300ER 单侧也都有 5 个舱门，如何辨别二者？看翼尖。后者是斜削翼尖。

图 4-46　波音 777-300ER 和它的 5 个舱门

波音 737NG 众兄弟从 737-600 开始机身一个比一个长，到 737-900ER 机身被拉长到 42.1 米，比 737-600 足足增加了 11 米。737-900ER 单侧也有 5 个舱门，其中两个是紧急出口。

图 4-47　波音 737-900ER 和它的 5 个舱门

单侧有 4 个舱门的机型数量庞大。空客家族中有：空客 300、320、321、330、340-200/300/500 和 350。波音家族中有：波音 737-400/800/900、757-200、767-300/300ER/400ER、777-200/200ER/200LR 和 787。

空客 300、320、321、330 和 350 都是双发飞机，如何辨认？ 300、330 和 350 都是宽体机，主起落架布局都是两组四轮小车，但 300 的小翼是翼尖帆，330 是梯形小翼，350 是融合式小翼且是"墨镜侠"。320 和 321 都是窄体机，主起落架布局均为两组两轮，均有 4 个舱门，但前者中间两个舱门为并排的紧急出口，后者由于更大更长则是 4 个等距的登机门。

图 4-48　空客 321 和它的 4 个舱门

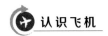

空客 340-200/300/500 都是四发的飞机。340-500 可以率先被辨认出来，因为它的发动机是罗罗公司大涵道比的 trent556，进气道口径明显比 340-200/300 的 cfm56-5c 粗很多，推力自然也强劲得多，而后两者尤其是 340-300 由于发动机太羸弱，以至于被戏称为"5APU 飞机"。

波音 737-400/800/900 都有 4 个舱门。737-400 可以率先被辨认出来，因为它属于经典系列，是没有翼尖小翼的，当然个别航空公司后期加装的除外。至于 737-800 和 900 的区别只能靠数客舱窗户。因为后者机身更长，客舱窗户自然更多。

波音 757-200、767-300 和 767-400ER 如何区别？757-200 是长腿飞机，起落架较高。767-400ER 有斜削式翼尖，而 767-300 一般没有翼尖小翼，即使后期安装的也是融合式小翼。

图 4-49　波音 767-300 和它的 4 个舱门

波音 777-200/200ER/200LR 中容易辨认的是 777-200LR，因为有斜削式翼尖。

图 4-50　波音 777-200LR 和它的 4 个舱门

波音 787 也有 4 个舱门。但 787 特征太明显，较好辨认。

（10）舱门数量（下）

3 个舱门的飞机机身是最短的。相应的机型有：空客 318、319、310，波音的 B737-100/200/300/500/600/700，以及一款宽体机 767-200。

空客 318 和 319 是 320 的缩短版和再缩短版，如何区别？数窗户。数一下第一个舱门跟第二个舱门之间的窗户数量。数量多的是 319，数量少的是 318。另外 318 销量并不好，因为它受到巴航工业集团 E190 以及庞巴迪 CRJ-900 支线客机的冲击，销量很低，市场上并不多。

图 4-51　空客 319 和它的 3 个舱门

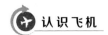

310 是空客的一款宽体机，在 300 基础上进行了缩短，也只有三个舱门。如何区别 310 与 318 和 319？看起落架布局及机轮数量。310 是宽体机，重得多，主起落架布局是两组 4 轮小车。而 319 和 318 是两组两轮。

图 4-52　空客 310 和它的 3 个舱门

波音 737-100 和 737-200 是波音 737 的初始版。二者的共同点是都使用小涵道比的涡扇发动机，发动机外观细长。要说区别，那就是后者机身比前者的长。737-100 在市场上并不受欢迎，只生产了 30 架，可谓珍品。737-200 大受市场欢迎，总产量超过 1000 架，最后一架于 1988 年交付给中国厦门航空。

图 4-53　波音 737-200 和它的 3 个舱门

波音 737-300/500/600/700 换用大涵道比的涡扇发动机，发动机外观粗短，与 737-100/200 区别明显。737-300/500 属于 737 经典系列，后者是经典系列中最短的，机长只有区区 31 米，这显得垂尾特别高。而前者是经典系列中最长的，垂尾与机身的比例没那么夸张。

图 4-54　波音 737-500 和它的 3 个舱门

波音 737-600/700 属于 737 的 NG 系列，即 Next Generation 系列。NG 系列都有翼尖小翼，但有个例外，就是 737-600。如何与经典系列的 737-300/500 区别？ 737NG 系列有个特有的标志——前几个客舱窗户下方有一个静压孔，而经典系列飞机的静压孔不在这个位置。可以通过这个标志来区别经典系列和 NG 系列。

图 4-55　波音 737-600 和它的 3 个舱门

波音 767-200 是宽体机。它与前面几款机型如何区别？ 看起落架布局及机轮数量。它有两组四轮小车，而以上机型均是两组两轮。

只有两个舱门的机型在波音、空客家族中不存在。

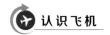

图 4-56　波音 767-600 和它的 3 个舱门

4.5　螺旋魅力——螺旋桨系列

在 20 世纪 50 年代之前，无数的螺旋桨飞机曾经划过天空。随着喷气旅行时代的到来，这些笨重迟缓的航空器悉数陨落，淹没在历史的长河中。但是我们不该忘记它们在人类初期的航空旅行中的贡献，本节依次讲解 4 款著名的螺旋桨飞机：波音 247、DC-3、波音 307 和波音 377。

波音 247 在世界航空史上占有重要的地位，它是世界上首款现代客机。

随着航空运输需求的持续增长，20 世纪 30 年代初，全世界已经开辟了一百多条客运航线，但当时的飞机有很多的缺陷，如：以木质为主，现代人肯定难以置信；速度慢，没有先进的仪器和装置，而且安全性差，那个年代飞机绝对不是最安全的交通工具；载客量小，运营成本高。市场急需一种全新的飞机来应对旺盛的民航运输需求。波音 247 于是应运而生。

1933 年 2 月波音 247 首飞成功。这款飞机之后被誉为世界上首款现代客机，因为它率先拥有了现代客机的一些基本要素。如全金属机身、可收放起落架、较为先进的导航仪器和机翼除冰装置等。全金属的机身大大提高了飞机的强度，飞机的酬载大幅度提高；可收放起落架减少了飞行阻力，飞行速度变得更快；先进的导航仪器使飞行变得容易；除防冰装置使飞机应对灾害

图 4-57 波音 247

天气的能力增强，飞行变得更安全。

波音 247 问世后，联合航空立即签下 59 架飞机的订单，垄断了波音两年内的生产能力。另一个买家环球航空不想等，只得去找道格拉斯，这最终催生了一代名机 DC-3。

1935 年道格拉斯公司研发的 DC-3 问世。这款飞机飞行速度最高可达 360 千米每小时，最远航程 2600 千米，载客量 28 人，燃油经济性高，相关数据均超越了当时几乎所有的同类型飞机。其优异的性能令航空公司和战时的军方竞相采购。它的出现改变了 20 世纪三四十年代的航空运输业，使其成为经典名机。

DC-3 拥有两项世界纪录。

第一，这是世界上第一架依靠运载旅客就能赚钱的飞机。DC-3 问世之前，航空公司主要靠运输邮件及国家补贴才能勉强赚钱。DC-3 优异的性能、较低的运营和维修成本使航空公司单纯依靠运载旅客即可实现盈利，极大地促进了航空运输业的发展。

第二，它是世界上服役时间最长的运输机。DC-3 1935 年问世后风靡全球近百个国家，

图 4-58 DC-3

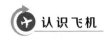

八十多年后的今天，非洲的一些落后的国家还用它作为运输机在运营，八十多年的服役期，堪称史无前例。

除此之外，DC-3 还是世界上产量最大的运输机之一。DC-3 及其各个型号生产了大约 11 000 架。在生产数量上，唯一能与之匹敌的只有苏联的安 -2。

接下来是波音 307。这是世界上第一种投入使用的、采用增压客舱的客机。

高空有三大威胁：低温、低压、缺氧。蓝天白云远没有看上去那么友好。在增压客舱问世之前，客机的巡航高度一般不会超过 14 000 英尺（约 4267 米）。这个高度的大气环境已是人所能承受的极限。在这个高度区间飞行，大气稠密，飞行阻力大，天气多变，雨雪风电都是飞行的大敌，缺点不可谓不多。

1938 年波音 307 率先将增压客舱引入客机，巡航高度高达 20 000 英尺

图 4-59　波音 307

（约 6000 米），凌驾于绝大多数恶劣天气之上。因此波音 307 也被称为"飞行在天气之上的飞机"。客舱里，合适的气压，适宜的温度，使得飞行员和乘客再也不需要穿厚厚的衣服来抵御寒冷，乘客舒适性有了前所未有的提高，飞行真正成为乐趣。

最后一款著名的螺旋桨飞机是波音 377，它体现了螺旋桨飞机的终极奢华。波音 377 在航空史上占有一席之地，是因为它极为罕见的奢华客舱布局。

2005 年空客 380 问世，其双层客舱成为识别这款巨无霸飞机的显著标志。

其实在 380 问世 58 年前，双层飞机早已问世，其舱内之奢华比前者有过之而无不及。这就是波音 377 "同温层巡航者"。

　　1947 年，波音 377 为迎合富人而生。双层客舱，上层有卧铺，下层有酒吧，连接上下两层的螺旋形楼梯更是成了永恒的经典设计。乘坐波音 377 飞越大西洋或去夏威夷度假是权贵富豪财富和奢华的体现，其票价绝非常人能承受。

图 4-60　波音 377

　　随着喷气时代的到来，波音 377 日落西山，逐渐退役。然而其奢华航空旅行的理念，使其在航空史上留下了浓墨重彩的一笔。

4.6　幕后英雄——超级运输机系列

　　本书讲的超级运输机是指运输飞机部件的超大型特种运输机，包括波音的梦想运输机 747LCF，空客的超级彩虹鱼（Supper Guppy）和大白鲸 300-600ST。

　　现代民航客机是全球分工合作的结晶。飞机制造商负责总体设计，并制造部分部件，但更多的部件是由全球各地供应商提供。以波音 787 为例，其发动机由英国或美国提供，机身由日本负责制造，货舱门由瑞典供应，水平

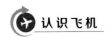

尾翼由意大利提供。这就产生一个问题，遍布全球的零部件如何运输到总装厂？海陆空皆可，但论便捷，非空运莫属。

但运输飞机的飞机岂是一般的飞机？其骨骼必定让人惊奇！飞机部件如机身、机翼、大型发动机都属于超大、超长或超高型部件，普通运输机难堪重任。波音和空客于是开发出了超级运输机。

波音747LCF，号称梦想运输机（Dreamlifter），为运输波音787梦想客机（Dreamliner）部件而生。2003年该项目启动。波音授权台湾长荣航太科技对几架退役的波音747-400进行改装。2006年首架机改装完成，波音747LCF问世。

图4-61　波音747LCF（Dreamlifter）

波音747LCF一推出就技惊四座。该机机背高高隆起，完全破坏了波音747-400白天鹅的美丽形象，堪称奇丑无比。但，人不可貌相，机亦如此。隆背后，该机装载容积高达1845立方米，是原747货机容积的2.6倍，居全球之冠！此外，该机还有一项绝技：摆尾！即该机机尾可横向开启，英文称swing tail。普通运输机采取的方式是机尾开门，而波音747LCF直接把机尾扭转90度，机身后部门户大开，货物进出十分方便！这一绝技为波音独创，堪称前无古人后无来者，相比传统的开门方式，这种方式能够让787客机的大型零部件简单而迅速地装卸，极大地提高了运输效率，为 787 的及时总装和交付立下了汗马功劳。

空客使用的超级运输机是超级彩虹鱼和大白鲸。

彩虹鱼（Guppy）是一种热带鱼，也叫大肚鱼。超级彩虹鱼这架飞机，乍一看完全突破了空气动力学，本该流线型的机身却如山般高耸，这风阻得有多大！然而，只要推力大，就能飞上天。该机的四台大型螺旋桨发动机，虽似古董，却足堪重任，顺利地将这一超级彩虹鱼送上蓝天。

图 4-62　超级彩虹鱼

超级彩虹鱼的原型机是波音 377 "同温层巡航者"，20 世纪 40 年代波音的产品。空客使用波音的产品引发波音的嘲弄：every airbus is delivered on the wings of a boeing（每一架空客飞机都由波音飞机来运送）。为反击波音的嘲讽，当然更重要的原因是，随着时间的流逝，超级彩虹鱼这种过时的螺旋桨飞机，其性能已无法满足空客越来越大的产能带来的运输需求，其越来越高的维修和运营成本也迫使空客寻找替代者。

空客四处寻找替代品无果后，决定在自家最大客机 300-600R 基础上研发

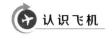

超大型运输机，于是诞生了大白鲸（Beluga），空客的镇馆之宝。大白鲸，机如其名，该机头尖，机背隆起，白色机身蓝色垂尾，酷似萌萌的大白鲸。

1996 年大白鲸投入运营。与前任超级彩虹鱼相比，大白鲸有明显的优势。该机采用两台涡扇发动机，飞行速度大大超过彩虹鱼。货舱容积高达 1415 立方米，仅次于波音 747LCF，居世界第二。

由于机背隆起，尾翼气流受到干扰，为提高飞行稳定性和舵面操纵效率，大白鲸加大了尾翼面积，并且在平尾两端增加了两个垂直小翼，使其成为"三垂尾"的飞机，这也成为大白鲸的一个显著标志。

为了方便大型货物的进出，大白鲸采用大型货机常用的掀罩式（Visor Type）机首，可以向上掀开近 70 度，使其在装载货物时形成著名的"鲸吞"形象，令人叹为观止。

图 4-63　大白鲸

大白鲸已经服役二十余年，也终将面临其前辈超级彩虹鱼的退出江湖的命运。以空客 330 为基础设计的超级大白鲸（Beluga XL）将接过父辈的旗帜，预计于 2020 年投入使用。

图 6-64 超级大白鲸的前身：空客 330

超级运输机是当之无愧的航空制造业的幕后英雄。

4.7 三发之争——三发系列

三发飞机已经逐渐退出了历史舞台。原因是，相较双发飞机，目前三发飞机除了多了点安全裕度外，几乎无任何优势可言。本节介绍三款三发窄体机——波音 727、三叉戟和图 154，三款宽体机——DC-10、L-1011 和 MD-11。

以上三发飞机普遍事故频发，销量不佳，但波音 727 是个例外。

1964 年波音 727 交付客户，成为世界上首款投入商业运营的三发喷气客机。727 采用了一系列在当时堪称革命性的技术，如采用涡扇发动机，首次在民航客机上安装 APU，不过不是安装在机尾，而是在飞机中部主轮舱附近。727 优良的起降性能、在中短程航线上较好的燃油经济性使它赢得了大量的订单。1984 年，最后一架波音 727 交付使用，其总产量达到了 1832 架。在波音家族中，这一纪录只有 737 才能超越。

图 4-65　波音 727

波音 727 虽然最早投入商业运行，但最早首飞的三发喷气机却是英国

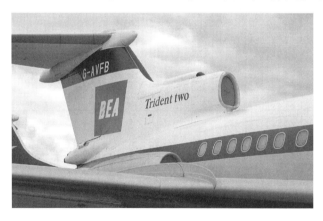

图 4-66　三叉戟

德·哈维兰的三叉戟（Trident）。三叉戟客机在 1962 年 1 月首飞（比波音 727 早一年半），至 1975 年停产，各型三叉戟客机共生产 117 架。主要用户是 BEA（英国欧洲航空）。中国的空军和民用航空公司在 20 世纪 70 年代引进了 39 架三叉戟。

　　三叉戟是一款较为先进的飞机，拥有三套独立的飞行控制系统，是世界上第一种能在恶劣气象条件下具有全自动着陆能力的民航客机。然而这一切不能改变三叉戟常出故障的事实。1971 年 9 月 13 日，林彪叛逃时乘坐的 256 号三叉戟，因为燃油不足坠毁在蒙古国。在 20 世纪七八十年代，中国民航事故高发的年代，三叉戟也是问题不断，在北京西郊机场、桂林双峰机场、香港启德机场都发生了机毁人亡的事故。

1966 年，美国航空提出了三发载客 300 人左右的大型客机需求。就此，道格拉斯和洛克希德公司竞相开发各自的三发宽体机，成就了一对三发"冤家"。1970 年 8 月，道格拉斯开发的 DC-10 首飞。为了和洛克希德竞争尽快上市，仅一年后 DC-10 就投入商业运营。但 DC-10 投入运营后，不久就被发现设计上有严重缺陷，特别是货舱舱门设计，因直接导致数次事故需重新设计。而 1979 年，DC-10 在一年内涉及两起重大空难事故，当时航空当局以安全理由要求全球的 DC-10 停飞。虽然进行了多次整改，但 DC-10 仍旧事故不断。据不完全统计，截至 2000 年，DC-10 共发生坠机事故 13 起，导致 1554 人罹难。DC-10 成为著名的空难飞机，被戏称为"daily crash-10"或"designed to crash-10"。

图 4-67　DC-10

洛克希德的 L-1011 三星客机项目，几乎是与道格拉斯的 DC-10 项目同时启动。L-1011 首架机于 1970 年 11 月首飞（比 DC-10 晚 3 个月），1972 年 4 月开始首次投入商业飞行（比 DC-10 晚 8 个月）。技术上 L-1011 更先进，它采用了直接升力控制系统和罗罗公司的三转子发动机 RB211。但 DC-10 比 L-1011 更早投入运营，并且 DC-10 在运营及维修成本方面占优势，使得

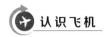

L-1011 的销量不如 DC-10。

图 4-68   L-1011

为了和 DC-10 争夺日本全日空的订单，洛克希德公司贿赂了一众日本政商界人士。后来东窗事发导致当时日本前首相田中角荣和数名全日空高层锒铛入狱。激烈竞争的结果是两败俱伤，据报道，洛克希德公司 L-1011 整个项目亏损达 25 亿美元。

除了贿赂丑闻，L-1011 在安全性上也仅比 DC-10 好一点点而已。总销量 250 架的 L-1011 也发生过 5 起坠机事故，导致 560 人死亡。L-1011 的失败，迫使洛克希德公司从此退出了民航客机市场，一心主攻军用飞机。这倒也成就了洛马公司（洛克希德·马丁公司的简称）在军机领域的一骑绝尘。

三发也不是资本主义的专利，差不多与 DC-10 和 L-1011 同时代，红色苏联也研制了一款三发的图 154，如图 4-69。图 154 由苏联大名鼎鼎的图波列夫设计局于 1966 年开始设计。1968 年 10 月首飞，1971 年 5 月开始商业运行。图 154 机身尾部装 3 台发动机以及 "T" 形尾翼的基本布局，整体上更接近波音 727。

图 154 主起落架两组 6 轮小车是其区别于波音 727 和三叉戟的显著标志。由于轮胎数量多，图 154 可在条件较差的不平整的跑道起降。但图 154 耗油明显高于波音 737 和空客 320。

图 154 给人更多的印象是空难频发。服役以来一共有 62 架图 154 因空难而坠毁。其中最著名的事件当数 2010 年的波兰总统卡钦斯基专机空难，满载波兰内阁高官的图 154 坠毁于俄罗斯北方机场，波兰因此几乎改朝换代。

图 4-69　图 154

MD-11 是 DC-10 的升级版，其机身、翼展则比 DC-10 长，机翼的两端也加装了小翼，而翼剖面的设计也得以改良，如图 4-70。

图 4-70　MD-11

1990 年 1 月 10 日，MD-11 货机首度试飞，至同年 11 月取得 FAA（美

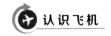

国联邦航空管理局）的认证。但在不久，MD-11 的问题开始出现，其在续航距离、耗油量、APU 等方面的表现均不理想。虽然麦道公司针对以上问题进行了改良，但脱胎于 DC-10 的产品让航空公司和民众无法产生大的兴趣。

1997 年，麦道公司被波音公司收购，2001 年 MD-11 停产，最终销量为 200 架。

1998 年 9 月 11 日，东航一架 MD-11（B-2173）客机 MU586 航班，起飞后因起落架失效被迫折返，事件中无人受伤。其后该事件被制作成一部电影名为《紧急迫降》。

4.8 极速之殇——超音速系列

天空中有没有超音速的民航客机？虽然战斗机飞超音速属于家常便饭，但很遗憾，现在天空中的客机没有一架可以超音速飞行。不管是巨无霸波音 747 和空客 380，还是大量使用复合材料的波音 787 或空客 350，它们的最大巡航马赫数不会超过 0.9，也就是连一倍音速都达不到。但事实上，天空中曾经出现过两款超音速客机，这就是世界闻名的协和号和图 144。

1969 年人类同时在航空、航天领域取得辉煌成就。这一年阿波罗 11 号登月成功，第一款跨洋宽体机波音 747 首飞成功，同一年协和号飞机首次进行超音速试飞，人类迎来了超音速旅行时代。

协和号是 20 世纪 60 年代英法两国联合研制的，采用无尾三角翼布局，机身细长，配上白色涂装，极似一只优雅的白天鹅。然而，看似文静优雅的白天鹅蕴含着惊天的能量。协和号在其 4 台奥林巴斯 593 涡喷发动机的推动下，可以轻松突破音障，爬升到 18 000 米的高空，以 2.04 马赫的疾速巡航，将普通喷气式客机甩在南天门之外！协和号速度之快，超过了地球自转的速度，以至于在巴黎飞纽约的西行航线上可以看到太阳从西边升起的奇观！

图 4-71　协和号飞机

然而奇观我们再也无缘欣赏，2003 年协和号退役。人们在扼腕叹息之余，不禁会问，是什么导致了协和号的陨落？

原因之一，燃油经济性差。导致协和号退出历史舞台的罪魁祸首，恰恰是其为实现超音速飞行而带来的高油耗。其平均燃油消耗率为约 20 吨每小时，是波音 747 的两倍！而后者的载客量是协和的 4 倍！这样看来，协和为追求亚音速飞机两倍的速度，使用了后者 8 倍的燃油！如此差的燃油经济性，精明的航空公司肯定不会买账。原本十几家意向客户，最终只剩下英航和法航。

燃油成本如此之高，肯定会体现在票价上。在纽约飞伦敦的跨大西洋航线上，往返机票价格高达 7995 美元！是同航线亚音速飞机的 30 倍！超音速飞行的代价如此之高，让绝大多数人望而却步。协和的上座率必定低迷。

原因之二，噪声太大。超音速飞行必然会有音爆，如图 4-72 所示，而在大陆上空尤其是低空音爆，如同杀人。除了音爆，协和的飞行噪声也远超亚音速客机。沙特甚至担心协和号会吓到沙漠里正在哺乳的骆驼。所以，绝大多数国家不允许协和号飞跃其陆地上空。如同买了车不让上路，只能在自家

图 4-72　F-35 音爆

小区里转悠，英航和法航最终只能让协和飞跨大西洋航线，巴黎和伦敦飞纽约，及其返程。

原因之三，空难是压倒协和号的最后一根稻草。2000 年 7 月 25 日，协和号班机 AF4590 在巴黎戴高乐机场起飞滑跑时，碾过了前机美国大陆航空 DC-10 脱落的小铁条，造成爆胎。轮胎破片以超过音速的高速击中油箱，之后引发大火，飞机起飞后随即失控坠毁，机上人员全部遇难。整个失事过程被一名路过的司机拍摄下来，散播于网络，给社会大众心理造成强烈震撼，大家对协和号退避三舍，很多人表示：即使免费，也不会乘坐协和号。一年后，协和复航，但载客量一直都严重不足。航空公司亏损严重，协和号客机终于在 2003 年退役。

协和号，这只美丽的白天鹅最终折翅于蓝天，而与之齐名的图 144 一生更加坎坷。

苏联于冷战期间在各个领域与欧美展开激烈的竞争。1957 年，苏联成功发射了世界上第一颗人造地球卫星。在这轮竞赛中，苏联先下一城，将欧美击败在太空。接下来，机会在哪里？在超音速客机研发领域。20 世纪 50 年代末 60 年代初，英法美苏几乎同时开始了超音速客机的研发，而苏联誓将率先把人类送上超音速航线，从而将欧美彻底甩在身后。

1968 年的最后一天，图 144 首飞成功，比协和号早两个月。欧美习惯戏称图 144 为"协和斯基"，意为图 144 抄袭协和号，原因是图 144 与协和号神似。但实际上，协和号问世比图 144 晚两个月，抄袭一说不攻自破。此外，虽然图 144 与协和号颇为相似，但很多细节设计是迥异的。最显著的是，图 144 机头有后者没有的用于提高起降性能的可收放的鸭翼。

但图 144 是竞争的产物，背负着政治使命。为抢在欧美之前首飞，仓促赶工，各种缺点在所难免，于是备受诟病。如油耗高，当然这是超音速客机的共同问题；航

图 4-73　图 144

程短，比协和号的 7000 千米还要短 500 千米；舒适性差，据乘客说，在飞机内像经历风洞实验一样吵。此外，进近速度太大，以至于不得不使用战机采用的减速伞，这在客机史上绝无仅有。

此外，图 144 在问世之初还经历了一次惨重的空难。1973 年，苏联决定向世人展示图 144 生产型机，派其参加巴黎航展的飞行表演。然而在众目睽睽之下，图 144 空中解体！苏联人指责一架幻影战斗机过于接近图 144，后者紧急避让导致了事故。但事情是否真的如此，是否跟设计缺陷有关，世人无从得知。

但巴黎空难后，图 144 便名声扫地，国外订单颗粒无收。苏联人只得依靠内需，陆续开通了几条客货运航线，如莫斯科到基辅，莫斯科到阿拉木图。但 1978 年图 144 再次发生空难，两名机组人员遇难。事故发生后，图 144 的客运服务被彻底终止。满打满算，图 144 作为客机的飞行时间仅有半年。1987 年，由克里米亚飞往基辅的航班落地后，图 144 的商用服务结束。

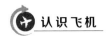

图 4-74　图 144

协和号和图 144 退出天空是航空界的憾事。十五年来，再无飞机制造商向这一领域发起冲锋。两款超音速客机给我们带来的教训是深刻的：飞机再好，若经济性差，也是无法长期生存的。遗憾的是，时至今日，超音速飞行油耗高的问题仍然无法攻克，音爆的问题科学界也无法解决。但，人类对速度的追求是无止境的，终有一天，以上问题会被彻底解决，超音速客机将重返蓝天！

4.9　大国荣光——俄制系列

民机的设计制造是世界上最为高端复杂的系统工程之一，只有极少数国家能够掌握，俄罗斯是其中之一。本节介绍有代表性的几款俄制客机。

著名的图波列夫设计局曾经先后设计了图 104、图 114、图 124、图 134、图 144、图 154、图 204 等民航客机。

图 104 在世界民航史上占有一定的地位，它是苏联第一款、世界上第二款投入商业运营的喷气式客机。图 104 于 1956 年投入运营，居英国的"彗星号"之后。这款飞机以图 16 轰炸机为设计基础发展而来，同图 16 一样，其

发动机布局既不是翼吊式也不是尾吊式，而是翼根式。这种布局由于很难更换新发动机，被以后的飞机彻底摒弃。

图 4-75 图 104

图 114 沿袭了图 104 的传统，继续用轰炸机进行改造。这次仿照的是图 95，如图 4-76。图 95 是一款战略轰炸机，图 114 自然也巨大无比，自 1957 年首飞以来，图 114 一直是世界上最大的民航客机，载客可达 220 人，直到波音 747 问世，这一纪录才被打破。

图 4-76 图 114 的原型：图 95 轰炸机

图波列夫设计局最后设计并投入使用的飞机是图 204 系列。该飞机酷似波音 757，采用了较为先进的电子飞行仪表和电传飞控系统，部分机型使用罗罗公司的发动机。

图 4-77　图 204

　　雅科夫列夫实验设计局设计的代表性民航客机是雅克 40/42。雅克 40 与波音 727 和三叉戟相似，三发尾吊式布局，但小得多，载客 20~40 人，飞短程航线。该飞机产量接近 1000 架，出口亚非拉美十几个国家，也是苏联第一种成功打入西欧市场的客机，出口约 150 架，这一纪录至今未被其他俄制飞机打破。

　　雅克 42 在雅克 40 的基础上发展而来，载客量和航程都有较大提升。1980 年入役。中国民航曾进口过雅克 42，运营中发生过著名的南京空难。

图 4-78　雅克 42

伊留申设计局也是俄罗斯著名的飞机设计局，民机产品有伊尔14、伊尔18、伊尔62、伊尔86和伊尔96。

伊尔14和伊尔18都是螺旋桨飞机，先后于20世纪50年代末问世。前者为双发，后者为四发。在中国，伊尔14曾经是毛泽东主席的专机，上海航宇科普中心有一架。在朝鲜，高丽航空依然运营着古老的伊尔18。

图 4-79　伊尔 18

伊尔62是罕见的四发、尾吊式布局的客机。有类似布局的恐怕只有英国的VC-10。这种布局会造成配平困难，为解决该机的重心调配问题甚至要在机头安装可装数吨重的配重大水箱。

伊尔86于1980年服役，是苏联第一款宽体客机，也是第一款采用发动机翼吊式布局的客机，其

图 4-80　伊尔 62

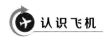

研发目的是为替代古怪的伊尔62。伊尔96在伊尔86的基础上发展而来，改善了飞行性能，与伊尔86的显著区别是加装了翼尖小翼。这两款飞机是苏联、俄罗斯少有的、投入运营近40年来未发生坠机空难的客机，以至于俄罗斯总统普京将伊尔96选为专机。

图 4-81　伊尔 96

　　由此可见，俄罗斯的客机研发历史悠久，产品丰富，实力雄厚。然而相比欧美，俄罗斯的民机在经济性、舒适性、安全性方面都有较大的差距，这导致其在国际市场鲜有作为。为解决这一问题，俄罗斯政府决定对航空企业实行大规模的结构改造。2006年2月21日，俄罗斯总统普京下令成立联合航空制造集团（UAC/OAK），整合多家航空工业公司，集中了包括米格、苏霍伊、伊尔库特、伊留申和图波列夫等飞机研制集团或公司的所有股份，集合国家的所有科研实力和财力来发展本国的航空技术，一同承担起振兴俄罗斯航空工业的重任。

　　新公司成立后，由苏霍伊负责开始打造俄罗斯第一种按西方适航标准设计的客机SSJ-100支线客机。该机已于2011年4月19日交付，是中国ARJ21-700的有力竞争对手。

图 4-82　SSJ-100

俄罗斯目前正全力打造的民航客机是 MC-21，由伊尔库特负责制造。该机属中短程干线飞机，载客 150 人左右，旨在与空客 320、波音 737 和中国 C919 争夺市场。

图 4-83　MC-21

俄罗斯的民机制造业能否振兴，我们拭目以待。

第五章

大片配角——银幕上的飞机

飞机是影视中的常客，尤其在好莱坞大片中，民航飞机的雄伟，战机的矫健，都是赏心悦目的一景。本章介绍四部跟飞机有关的著名电影：《空军一号》《2012》《壮志凌云》和《飞行者》。

5.1　波音747——《空军一号》

《空军一号》上映于1997年。主演哈里森·福特（图5-1）是好莱坞影视巨星，主演过《夺宝奇兵》和《星球大战》等系列著名电影，是好莱坞的票房保证。影片中跟福特演对手戏的是加里·奥德曼，一个演技精湛的"老戏骨"，2018年的奥斯卡影帝。加里饰演反面角色堪称一绝，在《这个杀手不太冷》中，他演一位听着贝多芬的交响乐杀人的变态警察，令人印象深刻。在《空军一号》中加里饰演劫机的恐怖分子，由于演得到位，影片上映后加里获得了一个称号：恐怖加里。影片导演是沃尔夫冈·彼得森，导演过经典大片《完美风暴》和《特洛伊》等。一言以蔽之，《空军一号》的演员以及导演阵容非常强大。

影片讲述美国总统一家和随从政府高官乘坐空军一号，也就是总统专机回国，在飞机上遭到恐怖分子劫持的故事。总统一家、政府高官及机

图 5-1　哈里森·福特

组人员都被控制，幸运的是总统侥幸逃脱，藏在飞机的某个地方。在地面人员以及机上人员的帮助下，总统沉着机智地跟恐怖分子进行了坚决的斗争，最终所有人全部获救，恐怖分子机毁人亡。可见，这是一部向美国总统唱赞

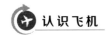

歌的影片。

整部影片体现了好莱坞电影典型的风格，即大制作、大场面、特效逼真、情节扣人心弦，场面精彩刺激。

电影的名字叫《空军一号》，空军一号什么意思？美国总统公务出行，乘坐的飞机如果是空军提供的，飞机的呼号就叫 Air Force One，中文就是空军一号；如果是陆军提供的，那就叫 Army One，即陆军一号；海军提供的叫 Navy One，即海军一号；海军陆战队提供的叫 Marine One，海军陆战队一号；如果是海岸警卫队提供的，则叫 Coastguard One；如果乘坐民航飞机，那就叫 Executive One，即行政一号。

图 5-2　空军一号

美国的空军一号有四台发动机、鹅头、一层半客舱，一看就是波音 747。但空军一号并不是最常见的波音 747-400，而是 747 早期型号 747-200。前者的典型标志是配有梯形翼尖小翼，空军一号很明显没有翼尖小翼。空军一号不采用前者的原因是 1986 年美国空军订购总统专机时，波音 747-400 尚未服役。

空军一号机身的蓝白涂装，象征蓝天白云，垂尾上有美国国旗，机头下方有美国国徽，机身上有 United States of America 喷涂，证明这是一架美国政府飞机。空军一号实际上有两架。就是说同样涂装的飞机美国空军有两架。空军一号执行任务，肯定是两架同时前往，其中一架搭载总统，另一架作为备用机。

该机采用四台通用电气 CF6 发动机，每台发动机产生 56 700 磅即 25.7 吨的推力，在四台强劲发动机的推动下，空军一号最高巡航速度可达马赫数 0.92，这个速度超过了所有现役民航客机。空军一号飞得如此之快，以至于在 "9·11" 事件发生时，给其护航的 F-16 都快赶不上了，而请求总统飞得稍慢些。

该机升限达 45 100 英尺即 13 746 米，也超越了多数民航客机。航程达 7800 英里即 12 553 千米，在地球上绝大多数的两个城市之间都可以直飞。

空军一号上层前方是驾驶舱和机组的休息区，后面是通信中心。下层被分隔成十几个功能区，比较著名的是总统套房（President Suite）。因为波音 747 机体宽大，在其内部开辟出一个套房来不成问题，套房内有卧室、卫生间、健身房和办公室，是名副其实的"空中白宫"。下层还有高层室（Senior Staff Room），是总统跟随从进行会谈的地方。还有 Conference And Dining Room，就是开会的地方，另外也可以作为晚餐餐厅。下层还配有医疗室，有专职医生，必要时甚至可以在此进行简单的手术。

据一些媒体介绍，美国的空军一号堪称世界上最精密、最具毁灭力的航空器，因为它有完备的空中探测系统和强大的电子对抗系统，甚至装备有精准的定向武器系统。为保障超级大国最高领导人的安全，空军一号拥有再强大的防护系统也不为过，但说它是世界上最具毁灭力的航空器肯定是言过其实了，道理很简单，空军一号以民航飞机为载体，是不适合设计作战功能的，从《空军一号》这个电影也可以看出，在导弹来袭的时候，空军一号没有发射什么定向激光武器，还是用老一套，就是发射箔条干扰弹。因为防卫作战

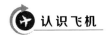

的事情交给其护航战机就可以了。

当前的空军一号，即美国总统专机于1990年上岗，先后服务过布什、克林顿、小布什、奥巴马和特朗普5位总统，截至2018年已经整整服役了28年，到了退役的使用年限。新的空军一号使用哪种机型？美国白宫对波音747–8I和波音787进行比较后，最终决定采购波音747–8I洲际客机作为最新的总统专机。

特朗普2017年在Twitter（推特网）上发文："Boeing is building a brand new 747 Air Force One for future presidents, but costs are out of control, more than \$4 billion. Cancel order!"即："波音正在给我们制造新的空军一号，但是成本失去控制，超过40亿美元！我们要把它取消！"这当然是随便说说。但从特朗普对高额成本的不满可以推测，新版空军一号的功能和配备将远超前任。

图5-3　特朗普的"推文（twitter）"

5.2　安225——《2012》

《2012》是一部灾难片。讲述了这样一个故事：根据玛雅人的日历，2012年12月21日是世界末日，到那一天，天上飞火、天崩地裂、洪水泛滥，地球上所有的生灵将会遭到毁灭。为了应对这一天的到来，世界各大强国联合制造了几艘超大型的诺亚方舟，把它放在中国喜马拉雅山山顶，世界各国的有钱人都争相去这个地方避难。

图 5-4　玛雅人预言的世界末日

这部影片跟飞机有什么关系？尤其是跟安 225 有什么关系？影片中出现过多架飞机，其中一架令观众印象最为深刻，那是一架超大型运输机，不顾塔台的指令，在不断破裂的跑道上全速起飞。

影片中，飞机的乘坐者俄罗斯大亨不无骄傲地对主人公说："It's Russian!"

影片中这架巨无霸飞机叫安 500。其实现实中，它的原型是安 225。另外，它并不是俄罗斯制造的，而是出自乌克兰。此外，影片中，由于剧情需要，为了让机内运输的跑车能在迫降瞬间开出，安 500 设计了尾部舱门。实际上，安 225 只有机头舱门！

图 5-5　巨大的安 225

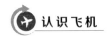

安 225 是这个星球上出现过的最令人过目难忘的飞机。它在三个方面令任何一款同类飞机都难以望其项背。

第一，特别大。安 225 是乌克兰安东诺夫设计局设计的，这个设计局因设计大型运输机出名，在此之前已经设计制造过世界上最大的涡桨运输机——最大起飞重量达 250 吨的安 22，以及世界上最大的战略运输机——最大起飞重量 405 吨的安 124！而安 225 比前两者都要大！

安东诺夫设计局曾经先后设计过三十余种机型，安 225 基本可以鲸吞除安 124 和安 22 外所有的近三十款机型。没有对比就没有伤害，如图 5-6 所示。苏联的苏 25 攻击机在其面前不如其一台发动机大。波音家族最大的 747 在其面前也只是一个小兄弟。跟普通大众常坐的飞机空客 320、波音 737 对比如何？有一个 320 机长曾做了一个比喻：如果安 225 是一间教室的话，空客 320 如同教室里的一把椅子！

图 5-6　安 225 与其他飞机的鲜明对比

安 225 机身长 84 米，是世界上最长的飞机。翼展 88.4 米，在现役的飞机中也是冠军。如此大的飞机到任何一个机场，都会对其保障构成严重的挑战，正因如此，中国民航局原则上只允许安 225 降落在石家庄正定国际机场。

第二，特别重。一般来说，机轮越多说明这个飞机越重，安 225 机轮之多堪比蜈蚣脚。

主起落架每侧有 7 对机轮，即 14 个，所以主起落架共有 28 个机轮。前轮有几个？有 4 个！绝大多数飞机只有 1 个或两个机轮，它是 4 个机轮，加起来共 32 个机轮。32 个机轮应该说史无前例，空客 380 是 22 个机轮，波音 747 是 18 个机

图 5-7 安 225 的主起落架机轮

轮，它是 32 个！因为它太重了，有多重？最大起飞重量达 640 吨！空客 380 是 560 吨，波音 747 是 370 吨，它远远超过前面两者。

第三，特别强。强在哪里？强在运输能力上。安 225 可以直接把一整架轨道车辆吞进去。事实上这架飞机来中国已经有十几次了，曾经有一次来运输土耳其订购的中国北车生产的轨道车辆。

图 5-8 安 225 运输大型部件

安 225 的原厂公布载重能力为 250 吨，但一般都认为它至少有超过 300 吨的载重能力。而美国最大的运输机 C-5 银河战略运输机最大载重量只有 118 吨。

事实上这架飞机设计的初衷并不是用来运

输轨道车辆等大型部件，它的设计目的是背负航天飞机，因此它是用来背东西而不是抱东西的。原计划设计制造两架，但只完成一架后，苏联解体，航天计划就此搁浅，安225壮志未酬。当前，安225被乌克兰出租，在全球运送超大超重型部件，如发电设备和轨道车辆等，如图5-9所示。

图5-9　安225运输大型电缆盘

2016年，有一个重磅新闻，中国的一家公司准备引进安225的生产线，要在中国制造安225。事实上，当前的中国不管是民方还是军方，确实都需要大型运输机，但不需要安225。原因是它体积和重量都太大，对跑道和机场的保障都有严格的要求，极少数机场能够满足，消费比和使用率太低。所以飞机并非越大越好或越大越美，中国更需要的是类似美国C-17环球霸主这种大型战略运输机，运输能力强、航程远，更重要的是对跑道要求不高，可在多数机场起降。所以引进安225的新闻的真实性有待考证。

5.3　F-14雄猫——《壮志凌云》

在好莱坞电影史上曾经有这么一部影片，年轻人看后热血沸腾，冲出电影院就跑去海军招飞办公室。这就是《壮志凌云》。影片中大帅哥汤姆·克鲁斯驾驶着一款俊美绝伦的战机纵横蓝天，炫酷无比，令无数年轻人心潮澎湃，羡慕不已。这款战机就是 F-14 雄猫。

《壮志凌云》讲述的是一名天才的舰载战斗机飞行员麦德林（Maverick），被派到一个叫 Top Gun 的航校进行严格训练的故事。由于 Maverick 自视甚高，桀骜不驯、不守规矩，结果在一次飞行训练中导致战友失事，Maverick 心灰意冷，退出了训练。后来在教官的劝导和鼓励下，Maverick 重返 Top Gun，并在一场实战中与队友密切配合，全歼来犯的苏联米格 28 战斗机。

两个小时的影片中，Maverick 的扮演者汤姆·克鲁斯（图 5-10），驾驶 F-14 雄猫和相对老旧的 A-4、F-5 疾驰在蓝天白云中的镜头足足占了一个半小时。惊险刺激的空中对决让人热血沸腾，而 F-14 俊美绝伦的形象和强大的制空能力不但吸引了军迷，对普通观众来说也极具诱惑力。

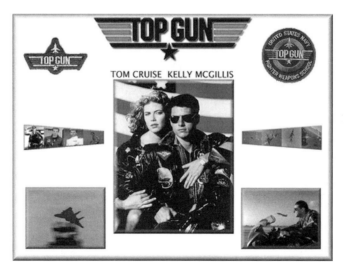

图 5-10　《壮志凌云》

F-14 是为应对美国海军 20 世纪 60—80 年代舰队防空和护航的需求而出现的。20 世纪 60 年代后，苏联的海军逐渐拥有了远洋作业能力，并且部署了相当数量的陆基远程轰炸机，其配备的反舰导弹对美国航母编队构成很大威

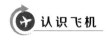

胁。美国海军急需一种能够应对苏联威胁的舰载战斗机。经过竞标，格鲁曼公司中标。经过多次改动，F-14 雄猫最终诞生，并于 1972 年 5 月开始交付使用。

在美国众多的战斗机型号中，F-14 绝对是最有意思的一款。

首先，其绰号有趣。F-14 绰号雄猫，这个雄猫可不是中国萌萌的国宝 panda 熊猫，那就太没威慑力了。格鲁曼研发的飞机多数以凶猛的大猫来命名，如 F4F——Wildcat（野猫）、F6F——Hellcat（地狱猫）、F8F——Bearcat（熊猫）、F7F——Tigercat（虎猫），而 F-14——Tomcat，雄猫的称呼来自支持"雄猫"战斗机项目的两个将军。这两位将军都叫 TOM，格鲁曼为表达对两位重量级支持者的感谢，索性将 F-14 命名为 Tomcat，意为雄猫，一方面延续了格鲁曼的命名传统，另一方面该名字也能够体现 F-14 的威力。

其次，F-14 曾大量出口给被小布什视为邪恶轴心国之一的伊朗。如今美伊交恶，但在 20 世纪 70 年代，美国利用伊朗在波斯湾和印度洋围堵苏联，对其武器进口需求自然有求必应。可见，国与国之间没有永远的朋友，只有永恒的利益。当时，伊朗巴列维国王提出，苏联的米格 25 高空高速侦察机经常冒犯其领空，请求美国提供一种遏制米格 25 的战机。美国卖给了伊朗 79 架 F-14 雄猫。世事变迁，美伊的蜜月最终结束，而情变后的美伊互相视对方为死敌，美国更是将本国退役的 F-14 粉碎，以免零部件从黑市落入伊朗手中。

再次，如同《壮志凌云》展示的一样，F-14 能力确实太强了。

第一，它有变形金刚般的机翼。F-14 是美军中少有的变后掠翼的布局。同普通战机不一样，F-14 的机翼如老鹰翅膀一样，可收可展。起降时，机翼展开，升力增大。高速飞行时，机翼后掠，阻力减小。这样，F-14 如同变形金刚一样，拥有变后掠翼使其高速低速自由转换。

图 5-11 F-14

第二，它有铁臂长拳。F-14 可携带不死鸟远程空空导弹，如图 5-12 所示。不死鸟是世界上第一款入役的远程空空导弹，有效射程达 184 千米，最远可达 200 千米。200 千米的射程意味着什么？意味着在南京可以攻击远在苏州的战机。F-14 装备的不死鸟导弹让"运筹帷幄帐中，决胜千里之外"这一千古名言成为现实。

图 5-12 F-14 携带的不死鸟导弹

第三，它有千里眼。F-14 雄猫装有休斯公司的 AWG-9 大功率雷达，这部能力逆天的雷达对战斗机的搜索距离可达 160 千米，对巡航导弹据称也可达 112 千米。所以两伊战争期间伊朗甚至把 F-14 当作预警机使用！

第四，F-14 能力超群，致其罕逢对手，故战果极少。美军的 F-14 在

三十多年的服役期间，只取得了击落 5 架敌机的战果，即两架苏 22、两架米格 23 和 1 架米 8 直升机。如此的战果，跟同时代的 F-15 和 F-16 相比完全无法相提并论。

F-14 雄猫于 2006 年退役，全球无数"猫迷"为之痛心不已。究其退役原因，是 F-14 已经不适应变化了的时代。作为一款重型且变后掠翼的舰载战斗机，且是 20 世纪六七十年代的产品，它的维护成本太高；另外，随着作战任务的多元化，很多后起之秀都是多用途战斗机，而 F-14 这种空优的飞机用武之处变得越来越小，所以美国航母的制空权也已经由功能更全面的 F/A-18 大黄蜂来承担。作为军迷，只能在《壮志凌云》中重温其飒爽英姿了。

5.4 H-4 大力神——飞行家

电影《飞行家》上映于 2004 年，是一部人物传记电影，再现了美国航空大亨霍华德·休斯传奇的一生。影片由莱昂纳多·迪卡普里奥主演。影片中出现的飞机是 H-4 大力神。

对于中国人来说，霍华德·休斯并不是一个熟悉的名字，但此人在美国家喻户晓，其知名度不亚于卓别林、卡耐基等名人。此人是"富二代"，年纪轻轻便继承了父亲留下的万贯家产。跟一般的"富二代"不一样，休斯并没有无所事事坐吃山空，而是多面出击，开创事业。休斯首先进军好莱坞，成为电影公司董事长兼导演，投资制作了大量影片，其中不乏佳作，如曾获奥斯卡提名的《地狱天使》。

图 5-13　《飞行家》

玩转电影后，休斯进军飞机制造业，并多次亲自担任试飞员，且多次创造飞行世界纪录！期间多次遭遇险情甚至受重伤，但休斯无所畏惧，对航空的热情使其不断挑战自我，最终制造并亲自试飞成功了当时世界上最大的飞机 H-4 大力神。

影片中的超大型飞机 H-4 大力神并不是民用飞机，它的问世是战争的需要。"二战"中后期，大西洋上的盟军船只常常因被德国 U 潜艇攻击而沉没，欧洲补给和军队的供应被切断。盟军急需一种海上的可靠又安全的、能大量运输的方法。休斯闻风而动，决定与人合作建造一款超大型水上飞机。按照要求，设计中的飞机要能够运输 750 名士兵或主战坦克等重型装备。如此前所未有的大载重要求，意味着飞机尺寸之大将无与伦比，建造难度也将史无前例。

事实正是如此，H-4 的设计建造异常艰难。由于战时配给物资比如铝配给有限，因此这架飞机只能用木头建造，故被媒体戏称为"云杉鹅"，实则以白桦木制造。历时 5 年，耗资千万，H-4 最终建造成功。该机规模惊人，装有 8 台发动机，机长 66.6 米，机高 9.15 米，有三层楼高；翼展 97.54 米，在古往今来所有出现过的飞机中排名第二，接近一个足球场的长度！起飞重量 181.4 吨。该机是当时人类制造过的尺寸最大的飞机，体型上甚至还略胜后来的空客 380。

1947 年 11 月 2 日，H-4 最终下水准备试飞，而此时"二战"已经结束了两年多。休斯再次亲自上阵。在《飞行家》电影中，休斯驾驶着 H-4 大力神水上飞机腾空而起。事实上，飞机先是做了两次水面滑行测试，第三次休斯将 8 台功率各为 2640 千瓦的普拉特·惠特尼 R-4360 发动机开足了马力。然而在众目睽睽之下，H-4 只爬升到 20 米，在一分钟之内掠过约 1.6 千米距离后就戛然落回了水面。

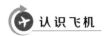

图 5-14　电影《飞行家》中的 H-4 大力神

　　不管众人如何质疑，休斯宣称试飞成功，然后就将飞机封存起来了，因为"二战"结束后美国政府停止了订货。很明显，这次试飞只是做给美国政府看。

　　相比其他巨无霸级的飞机如安 225 和空客 380，H-4 大力神可谓生不逢时。它诞生之时，"二战"已经结束，大规模的人员和军备运输需求已经不复存在，H-4 已无用武之地。H-4 巨大的身躯是为大规模运输而生，常规运输由于成本等问题，根本不适合它。时势造英雄，可惜这位巨人英雄登台即谢幕，否则，在"二战"空运史上很可能会留下浓墨重彩的一笔。

参考文献

［1］刘济美．一个国家的起飞——中国商用飞机的生死突围［M］．北京：
　　　中信出版社，2016.

［2］刘亚洲．赢在制空权［M］．北京：航空工业出版社，2014.

［3］吴荣华．苏联国土防空军全史［M］．北京：中国长安出版社，2015.

［4］周日新．百年航空［M］．北京：化学工业出版社，2015.

［5］张艳玲．民航专业英语：机场运营与管理［M］．北京：中国民航出版社，
　　　2014.

［6］黄兆元．民航知识漫谈［M］．成都：四川大学出版社，1990.

［7］国际航空杂志编．国外飞机手册［M］．北京：知识出版社，1982.

［8］常汝辑．俄罗斯飞行器百科［M］．北京：世界知识出版社，2012.

［9］高飞．苏俄航空史："二战"米格战斗机［M］．北京：中国青年出版社，
　　　2014.

［10］彭剑锋．波音：全球整合，集成飞翔［M］．北京：机械工业出版社，
　　　2013.

［11］王旭东．航空文化与通用航空［M］．北京：航空工业出版社，2014.

［12］倪金刚．GE航空发动机百年史话［M］．北京：航空工业出版社，
　　　2015.